世界でいちばん素敵な
元素の教室
The World's Most Wonderful Classroom of the Elements

はじめに

この本では、これまでに見つかっている118すべての元素を、
美しい風景や鉱石の写真とともに紹介します。

元素周期表の知識や、日本で発見された新元素「ニホニウム」など、
基本的なことから最新情報までをやさしく解説しているので、
元素のことをまったく知らない方でも大丈夫。

元素に興味を持つきっかけの本として、楽しんでいただければ幸いです。

Contents 目次

1 水素 …………… P4
2 ヘリウム …………… P8
3 リチウム …………… P12
4 ベリリウム …………… P16
5 ホウ素 …………… P18
6 炭素 …………… P20
7 窒素 …………… P24
8 酸素 …………… P28
9 フッ素 …………… P32
10 ネオン …………… P34
11 ナトリウム …………… P36
12 マグネシウム …………… P40
13 アルミニウム …………… P42
14 ケイ素 …………… P46
15 リン …………… P48
16 硫黄 …………… P52
17 塩素 …………… P56
18 アルゴン …………… P58
19 カリウム …………… P60
20 カルシウム …………… P62
21 スカンジウム …………… P66
22 チタン …………… P68
23 バナジウム …………… P70
24 クロム …………… P72
25 マンガン …………… P74
26 鉄 …………… P76
27 コバルト …………… P80
28 ニッケル …………… P82
29 銅 …………… P84
30 亜鉛 …………… P88
31 ガリウム …………… P90
32 ゲルマニウム …………… P92
33 ヒ素 …………… P93
34 セレン …………… P94
35 臭素 …………… P95
36 クリプトン …………… P96
37 ルビジウム …………… P97
38 ストロンチウム …………… P98
39 イットリウム …………… P100
40 ジルコニウム …………… P101
41 ニオブ …………… P102

42 モリブデン …………… P103
43 テクネチウム …………… P104
44 ルテニウム …………… P104
45 ロジウム …………… P105
46 パラジウム …………… P105
47 銀 …………… P106
48 カドミウム …………… P110
49 インジウム …………… P112
50 スズ …………… P113
51 アンチモン …………… P114
52 テルル …………… P114
53 ヨウ素 …………… P115
54 キセノン …………… P116
55 セシウム …………… P117
56 バリウム …………… P118
57 ランタン …………… P120
58 セリウム …………… P122
59 プラセオジム …………… P122
60 ネオジム …………… P123
61 プロメチウム …………… P123
62 サマリウム …………… P124
63 ユウロピウム …………… P124
64 ガドリニウム …………… P125
65 テルビウム …………… P125
66 ジスプロシウム …………… P126
67 ホルミウム …………… P126
68 エルビウム …………… P127
69 ツリウム …………… P127
70 イッテルビウム …………… P128
71 ルテチウム …………… P128
72 ハフニウム …………… P129
73 タンタル …………… P129
74 タングステン …………… P130
75 レニウム …………… P131
76 オスミウム …………… P131
77 イリジウム …………… P132
78 白金 …………… P133
79 金 …………… P134
80 水銀 …………… P135
81 タリウム …………… P136
82 鉛 …………… P137

83 ビスマス …………… P138
84 ポロニウム …………… P139
85 アスタチン …………… P139
86 ラドン …………… P140
87 フランシウム …………… P141
88 ラジウム …………… P141
89 アクチニウム …………… P142
90 トリウム …………… P143
91 プロトアクチニウム …… P144
92 ウラン …………… P145
93 ネプツニウム …………… P146
94 プルトニウム …………… P147
95 アメリシウム …………… P148
96 キュリウム …………… P148
97 バークリウム …………… P148
98 カリホルニウム …………… P149
99 アインスタイニウム …… P149
100 フェルミウム …………… P149
101 メンデレビウム …………… P150
102 ノーベリウム …………… P150
103 ローレンシウム …………… P150
104 ラザホージウム …………… P151
105 ドブニウム …………… P151
106 シーボーギウム …………… P151
107 ボーリウム …………… P152
108 ハッシウム …………… P152
109 マイトネリウム …………… P152
110 ダームスタチウム …………… P153
111 レントゲニウム …………… P153
112 コペルニシウム …………… P153
113 ニホニウム …………… P154
114 フレロビウム …………… P154
115 モスコビウム …………… P155
116 リバモリウム …………… P155
117 テネシン …………… P155
118 オガネソン …………… P156

監修者・参考文献 …… P157
フォトグラファーリスト …… P157
元素周期表 …………… 巻末付録

Q

宇宙にいちばん
多い元素は？

H 1 水素

地球から1300光年ほど先にあるオリオン大星雲。星が次々と生まれていると考えられています。緑色部分が、水素や硫黄を含む部分です。

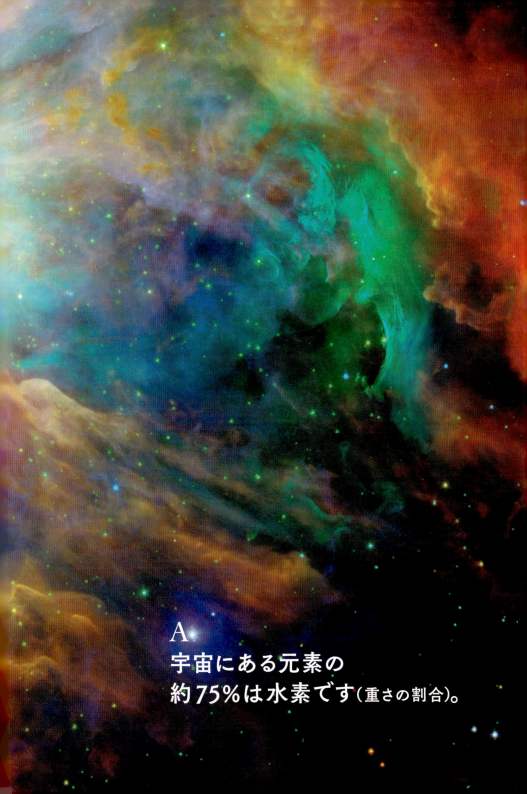

A．
宇宙にある元素の
約75％は水素です（重さの割合）。

Q 宇宙にいちばん多い元素は？

H
1 Hydrogen
水素

発見年：1766年
融点：−259.16℃
沸点：−252.879℃

原子量：1.008
密度：0.00008988g/㎤

いちばん最初に生まれた、いちばん多い元素です。

いまから約138億年前、宇宙が誕生した大爆発（ビッグバン）のあと、最初に生まれた元素が水素です。
宇宙にある元素の約75％は水素で、地球にもたくさん存在しています。
また、太陽などの恒星は、水素の原子核同士の融合によって光り、熱を放っています。
つまり、地球に昼があり、生命が暮らせる温度なのは、水素のおかげとも言えるのです。

太陽の約71％は水素

水素は酸素と結びつくと水になり、雲や川、海などをつくります（宇宙から見たバハマ周辺）。

Q1 水素には、どんな特徴があるの？

A 燃えやすく、いちばん軽い気体です。

たとえば水素ガスは、火を近づけるとすぐに燃え、酸素とくっついて水蒸気になります（それを冷やすと液体の水になります）。とても軽いので昔は飛行船にも使われていましたが、爆発事故の原因となったため、現在はヘリウムにその座を奪われています。

Q2 ほかにはどんなところで使われているの？

A ロケットの打ち上げなどにも使われています。

たとえば、スペースシャトルは、液体の水素と液体の酸素が反応する際に生まれるエネルギーを利用して打ち上げられていました。水素はほかにも、燃料電池として電気自動車や発電に使われます。火力発電では二酸化炭素の排出が問題になりますが、水しか排出しない燃料電池は、究極のエコエネルギーと呼ばれています。

1981年に宇宙へと打ち上げられた、最初のスペースシャトル「コロンビア号」。

★COLUMN1

原子とは？元素とは？

原子は、原子核と電子からなるとても小さな粒。原子核は、中性子と陽子でできています。原子は、陽子の数によって種類が変わります。たとえば、陽子が1つだと水素、2つだとヘリウムです。この原子の種類（水素、ヘリウムなど）を表す名前を、元素と言います。

● 陽子
● 中性子

ヘリウム原子

電子

原子核

原子：原子核と電子からなるとても小さな粒。

元素：原子の種類。陽子の数によって種類が変わります。

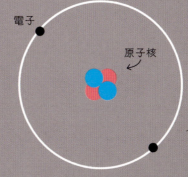

原子の直径は約1000万分の1mm（0.0000001mm）

※イラストの大きさや距離は、実際とは異なります。

Q 風船が空に浮かぶのはなぜ？

He 2 ヘリウム

風船に空気を入れてもすぐに落ちてしまいますが、空気より軽いヘリウムを入れると、その浮力によって空へと飛んでいきます。

A
軽い気体である
ヘリウムを使っているからです。

Q 風船が空に浮かぶのはなぜ？

He
2 Helium
ヘリウム

発見年：1868年　原子量：4.003
融点：－　　　　密度：0.0001785g/㎤
沸点：－268.928℃

いろいろ「2番」の元素です。

原子番号2番のヘリウムは、宇宙で2番目に多い元素であり、
2番目に軽い元素です（どちらも1番は水素）。
水素と同じく、宇宙が誕生したビッグバンのあとに生まれ、
いまも太陽などの恒星で生み出されています。
ほかの元素とほとんど反応せず、不燃性で非常に安定しているため、
飛行船や気球を浮かせるガスに使われています。

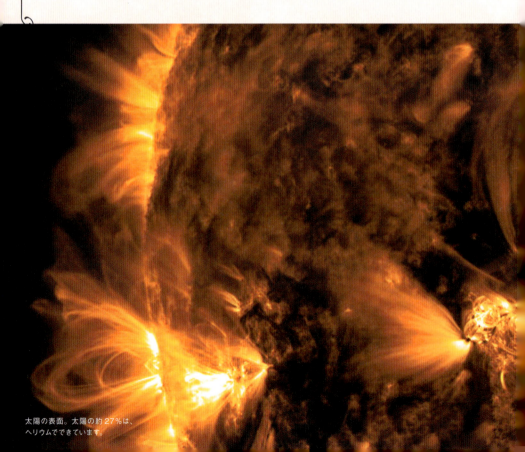

太陽の表面。太陽の約27％は、ヘリウムでできています。

ヘリウムの名前の由来は?

天文学者が発見した唯一の元素

A ギリシャ語の「ヘリオス(太陽)」です。

太陽では、水素の原子核同士が融合して、ヘリウムの原子核ができます(その際に生じた膨大なエネルギーは、光や熱として外に放たれます)。1868年にイギリスの天文学者がインドで皆既日食を観測していた際、それまで地球では見つかっていなかった新元素が太陽に存在することを発見し、ヘリウムと名づけました。

 宇宙にたくさんあるのなら、地球にもたくさんあるの?

ヘリウム＝軽くてほかの原子と反応しにくい

A 軽い気体なので、多くが宇宙へ出ていってしまいます。

ヘリウムは軽く、ほかの原子とくっつきにくい(反応しにくい)ため、ほとんどが地球から出ていってしまいます。そのため、地球ができたばかりのころにあったヘリウムは、ごくわずかしか残っていません。ちなみに、水素は軽くても、ほかの原子とくっつきやすいため、地球にもたくさんあります。

 ヘリウムを吸うと、なんで高い声が出るの?

A 音の伝わるスピードが速くなるからです。

軽い気体であるヘリウムの中では、音の伝わるスピードが空気の中と比べて約3倍も速くなります。そのため、耳に入る音の1秒間あたりの振動数が増え、高い声に聞こえるのです(重い気体の中では遅くなり、低い声に聞こえます)。ちなみに、テレビの早送りの音が高く聞こえるのも、1秒間あたりの振動数が増えるからです。
※ヘリウムだけを吸うと酸欠になるので危険です。

★COLUMN2★

電子・陽子・中性子とは

電子とは、マイナスの電気を帯びた粒です。反対に陽子は、プラスの電気を帯びた粒。中性子はマイナスでもプラスでもない粒です。陽子と中性子でできているのが原子核で、電子はそのまわりに存在します。電気的に中性である原子は、陽子と電子の数がいっしょなので、陽子が1つの水素は電子も1つ、陽子が2つのヘリウムは電子も2つになります。

- ● 電子：マイナスの電気を帯びた粒
- ● 陽子：プラスの電気を帯びた粒
- ● 中性子：マイナスでもプラスでもない粒

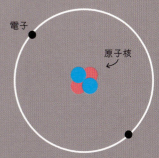

ヘリウム原子

※イラストの大きさや距離は、実際とは異なります。

Q 花火って、どうやって色をつけているの？

Li 3 リチウム

黄色はナトリウム、緑はバリウムなど、色によって違う元素を利用しています。

A
たとえば、赤い色の花火には
リチウムの化合物が使われます。

> Q 花火って、どうやって色をつけているの？

Li
3 Lithium
リチウム

発見年：1817年　原子量：6.941

融点：180.5℃　密度：0.534g/cm³

沸点：1342℃

金属なのにやわらかい。
金属でいちばん軽い。

水素、ヘリウムの次に宇宙で生まれた元素がリチウムです。
ナイフで切れるほどやわらかく、水に浮かぶほど軽い金属で、
水と反応すると激しく燃えて赤く光ります。
最近では、スマートフォンや
電気自動車のバッテリーとしても使われていますが、
発火などの恐れもあるため、とても注意深くつくられています。

リチウムは水と反応すると激しく燃えるので、絶対に水に近づけないようにしましょう。

ボリビアのウユニ塩湖は、観光地としてだけでなく、世界有数のリチウムの埋蔵地としても有名です。

Q1 リチウムは、どこに多くあるの?

A チリやボリビアなど、南米に産出地が限られています。

リチウムはレアメタルの1つで、大量に埋まっている場所は南米の一部に集中しています。レアメタルとは、少量しか存在しない、もしくは簡単に取り出せない貴重(レア)な金属のことです。

Q2 リチウムイオン電池って、なにがすごいの?

A 「軽い」「大容量」「充電効率がいい」の3つを実現しているところです。

いまではスマートフォン、ノートパソコン、デジタルカメラ、心臓のペースメーカー、電気自動車などに欠かせない存在です。

身近なところで大活躍!

Q3 ほかにどんな使われ方をするの?

A そううつ病の薬としても知られています。

リチウムの化合物である炭酸リチウムには、気分の浮き沈みを安定させ、落ち着かせる効果があります。ただし、摂りすぎると腎臓障害などの副作用もあります。

化合物＝2種類以上の元素が結びついた物質

★COLUMN3★
原子番号と元素周期表

現在、元素は全部で118個が見つかっています。それぞれの元素は陽子の数で分類され、「陽子の数＝原子番号」となります。元素を原子番号が小さい順に並べたのが元素周期表です。原子番号1番の水素(陽子が1個)が最初にきて、原子番号2番のヘリウム(陽子が2個)、3番のリチウム(陽子が3個)とつづきます。

数字が原子番号（陽子の数）

元素を原子番号順に並べると、似た性質の元素がある一定の周期で出てきます。似た性質の元素を縦に並ぶようにしたのが元素周期表です。

緑柱石(りょくちゅうせき)。ベリリウムが発見された鉱石です。

4 Beryllium
ベリリウム

発見年：1828年　原子量：9.012
融点：1287℃　密度：1.857g/cm³
沸点：2468℃

宝石から、宇宙望遠鏡まで。

エメラルドやアクアマリンなどの宝石に含まれる元素がベリリウムです。軽い、硬い、腐りにくい、熱に強いなどの特性を持つ銀白色の金属で、バネ、ハンマー、スパナなどに、ベリリウム銅合金が使われています。

合金：ある金属に1種類以上の元素を混ぜたもの。

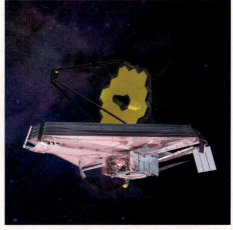

2018年に打ち上げ予定のジェイムズ・ウェッブ宇宙望遠鏡のイメージ。主鏡(しゅきょう)にベリリウムが使われています。

ベリリウムの名前の由来は？

 緑柱石(ベリル Beryl)です。

緑柱石は、銀白色のベリリウムが主成分ですが、その中に含まれる不純物によって青や緑になります。青く美しいものがアクアマリンに、緑で美しいものがエメラルドに加工されます。

「軽い」「硬い」「腐りにくい」……ベリリウムに欠点はないの？

 強い毒性があります。

ベリリウムの粉末を吸い込むと、「ベリリウム肺症」と呼ばれる肺疾患になる恐れがあります。使用する際は、十分な安全対策が必要です。

アメリカ・カリフォルニア州にあるホウ砂(しゃ)の鉱山。

B 5 Boron
ホウ素

発見年：1892年 原子量：10.81
融点：2077℃ 密度：2.34g/c㎥
沸点：4000℃

あの虫が、いちばん嫌いな元素かもしれない。

ホウ素は、天然に単体では存在していません。
ホウ砂などのホウ酸塩鉱物から分離することで得られます。
硬くて燃えにくい半金属の元素です。

半金属＝金属と非金属の中間の性質を持つ元素

Q1 ホウ素は、なにに使われるの？

A 耐熱ガラスなどです。

熱に強いホウ素を含んだガラスは、ビーカーやティーポットなどに使われます。

ホウ素は熱に強い

黒くて硬いホウ素。ガラスに混ぜると透明になります。

Q2 「ホウ酸団子」とホウ素は、関係あるの？

A 酸素、水素、ホウ素の化合物がホウ酸です。

ホウ酸は、ゴキブリ退治に使われるホウ酸団子のほか、目の洗浄剤などにも使われます。

やられた〜

Q 木は木炭になるけど、炭素でできているの？

C 6 炭素

炭素のほかに、酸素が約44％、水素が約6％。さらに、ごく微量の窒素やリンなどが含まれています。ちなみに、炭素（Carbon）の由来はラテン語の木炭（Carbo）です。

A
木の約50%は
炭素でできています（重さの割合）。

6 Carbon
炭素

発見年：－
融点：4489℃（10.3MPa）
沸点：3825℃（昇華）
原子量：12.01
密度：3.513g/cm³
※密度はダイヤモンド

Q 木は木炭になるけど、炭素でできているの？

生命も、ダイヤも輝かせています。

炭素は、人を含む動物や植物など、
生命の材料としてなくてはならない元素です。
多くの元素と結びつきやすく、
約5200万種類もの炭素の化合物が
あると言われています。
ちなみに、ダイヤモンドは
炭素だけでできています。

炭素の結晶である
ダイヤモンド。地球
上で最も硬い物質
の1つです。

ナミビアのダイヤモンド鉱山。

★COLUMN4★
有機物と無機物

ミネラルとは、ナトリウム、リン、カルシウム、鉄などの無機物

一般的に、炭素を含むのが有機物（有機化合物）、それ以外が無機物（無機化合物）です（ただし、一酸化炭素や二酸化炭素などは炭素を含んでいても無機物）。栄養素では、タンパク質、炭水化物、脂質、ビタミンは炭素が含まれているので有機物。ミネラルは炭素が含まれていないので無機物となります。

① 「炭＝炭素」なの？

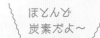
ほとんど炭素だよ～

A 炭はほとんど炭素でできています。

炭を燃やすと、酸素と結びつき二酸化炭素になります。残った白い灰には、ミネラルなどのほかの元素が含まれています。ちなみに、ダイヤモンドも燃やすと酸素と結びついて二酸化炭素になります。炭素のみでできているダイヤモンドは、燃やすと、なにも残りません。

② 炭素でできているものはなに？

A 紙や鉛筆、ペットボトルなど、たくさんあります。

石炭や石油も、主に炭素でできています。最近では、炭素繊維やカーボンナノチューブが、宇宙船や自動車などの材料として注目されています。
炭素繊維：炭素でできた、軽くて強く、弾力性のある繊維。飛行機の機体などにも使われています。

③ カーボンナノチューブって、どんなもの？

nm（ナノメートル）は10億分の1m

A 硬くて弾力性のある物質です。

炭素原子の結びつきがとても強く、鋼の80倍ほどの強度があるカーボンナノチューブ。炭素原子の配列によって電気の通しやすさが変わるため、その特性を活かした電子回路の研究なども進んでいます。ちなみに、同じ炭素でも、炭、ダイヤモンド、カーボンナノチューブのように見た目や性質がさまざまなのは、炭素原子の結びつき方が違うからです。

炭素（カーボン）でできた、直径が原子サイズ（数nm）ほどの筒型の物質・カーボンナノチューブ（イメージ）。髪の毛の5万分の1の細さです。

Q

地球の空気は、
なにでできているの？

N **7 窒素**

地球の空気は、酸素が約23%
なので、窒素と酸素で空気の約
98%を占めています。

A
約75%が窒素です（重さの割合）。

Q 地球の空気は、なにでできているの?

N
7 Nitrogen
窒素

発見年：1772年
融点：−210.0℃
沸点：−195.795℃
原子量：14.01
密度：0.0012506g/cm³

空気に最も多く含まれる元素です。

窒素は、空気の約75%を占める元素です。
生物にとって、タンパク質やDNAなどをつくるとても大切な成分で、
タンパク質をつくるアミノ酸は、窒素や炭素などの化合物です。
アミノ酸同士は、窒素と炭素が結びついてつながります。

アンモニアと窒素肥料の化学工場。

Q1 窒素はなにに使われているの?

A 肥料や薬などに使われています。

植物は、空気中の窒素をそのまま吸収することができません。窒素と水素の化合物であるアンモニアなどに変化させる(窒素を固定する)必要があります。ハーバーボッシュ法は、窒素と水素からアンモニアをつくり出した画期的な発明で、現在、アンモニアによる窒素肥料は「肥料の3大成分」の1つとなっています。そのほか、窒素の有機化合物(P23)であるニトログリセリンは、狭心症(心臓の病気)の薬として使われています。ちなみに、ノーベル賞で有名なノーベルが発明したダイナマイトは、ニトログリセリンを使った爆薬です。

クローバー(写真)や大豆などのマメ科の植物は、根につく菌(根粒菌)が空気中の窒素をアンモニアに変えます。

Q2 「窒息」と「窒素」は関係あるの?

A 関係があります。

窒素しかない気体の中では、生物は生きることができないため、ドイツ語では窒素を「Stickstoff(窒息させる物質)」と言います。日本語の「窒素」は、それを訳した言葉です。

★COLUMN5★

元素周期表の「周期」と「族」

陽子の数(原子番号)が小さい順に並んでいる元素周期表では、縦7周期、横18族に元素を配置しています。

「周期」が同じだと……基本的に電子殻(でんしかく)の数が同じ。2周期の窒素は、電子殻が2つあり、3周期のリンは電子殻が3つあります。

「族」が同じだと……基本的に最も外側の電子殻の電子の数が同じ。似た性質を持つ元素が並びます。窒素とリンはともに15族であるため、最も外側の電子殻の電子がどちらも5つあります。

ちなみに、3~11族の元素は、原子番号が増えても、最も外側の電子殻の電子の数が変わらないことが多いため、周期(横並び)ごとに似た性質を持つ場合があります。

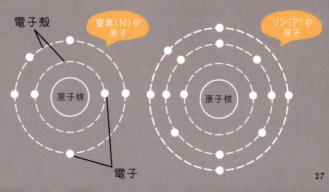

Q 海水はなにでできているの？

0 8 酸素

海水の約11%は水素で、ナトリウムと塩素（どちらも塩をつくる元素）は、あわせて3%ほどしか含まれていません。

A
85%以上が酸素です（重さの割合）。

海水はなにでできているの？

O 8 Oxygen
酸素

発見年：1771年
融点：−218.79℃
沸点：−182.962℃
原子量：16.00
密度：0.001429g/㎤

エネルギーもさびも、この元素がつくります。

酸素は、海水に最も多く含まれている元素です。
人の体も約65％は酸素でできていて、
体に取り入れた食べ物を熱エネルギーに変える
重要な働きをしています。
ほかの元素と反応しやすく、ものを燃やす性質があります。

火星の表面は、酸化鉄（さびた鉄）を多く含んでいるために赤く見えます。

Q 「酸化」ってどういう意味？

A 酸素がほかの元素と反応して結びつくことです。

酸素が酸化する力は強く、地球の表層部分（地殻）の多くが酸化物でできています。金属がさびるのも酸化が原因です。人の体内でも、酸素は熱エネルギーをつくるだけでなく、細胞を酸化させて老化を早めたり、ガンや生活習慣病などの原因にもなると考えられています。

地球の内側は、核、マントル、地殻の3つに分かれます。

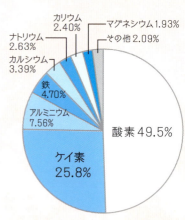
地球の地殻に含まれる元素の重さの割合

- 酸素 49.5%
- ケイ素 25.8%
- アルミニウム 7.56%
- 鉄 4.70%
- カルシウム 3.39%
- ナトリウム 2.63%
- カリウム 2.40%
- マグネシウム 1.93%
- その他 2.09%

Q 酸素は、どうやってものを燃やすの？

A 酸化の際に発生する熱で燃やします。

体の中では、炭水化物などを酸化させることで熱エネルギーが得られます。また、使い捨てカイロは、鉄が酸化することで温かくなります。ちなみに、電気自動車の燃料電池は、水素が酸化して水になる際のエネルギーを電気として取り出しています。

太陽風（太陽から届く電気を持った小さな粒）が、酸素にぶつかると緑のオーロラ、窒素にぶつかると紫やピンクのオーロラとなります。

Q3 地球の空気に酸素が多いのはなぜ？

A 微生物や植物が、光合成をするからです。

約27億年前に、バクテリアの仲間が光合成することによって酸素を生み出すようになったと言われています。現在は空気の約23％が酸素となり、酸素の一部は成層圏（約10〜50km上空）にあるオゾン層となりました。オゾン層には、人などの生物に有害な紫外線を吸収する働きがあります。

コスモス。光合成とは、微生物や植物が大気中の二酸化炭素を取り入れ、太陽光と水によって糖などをつくり、酸素を出すことです。

★COLUMN6★
酸素と石川啄木

言語学者・金田一京助が盛岡中学を卒業する際に、短歌会で石川啄木が詠んだ歌です。まわりにいた人々は、この歌に大いに笑ったそう。「水素が酸化して水になる」という化学的な話も、啄木の手にかかると文学的でロマンチックなことに思えてきますね。

あめつち（天地）の
酸素の神の
恋成りて
水素は終（つい）に
水となりにけり

蛍石（ほたるいし）。高温で熱すると光ります。

F

9 Fluorine
フッ素

発見年：1886年　原子量：19.00
融点：−219.67℃　密度：0.001696g/c㎥
沸点：−188.11℃

「つながりたい」という思いが強いのかもしれない。

フッ素は、蛍石の中から発見された
とても反応性が高い元素です。
ヘリウムとネオン以外の
すべての元素と、
化合物をつくることができます。

蛍石の主な成分は、フッ素とカルシウムです。

 フッ素はなにに使われているの？

A 歯磨き粉やフライパンなどです。

フッ素は、歯のカルシウムが溶け出すのを抑え、虫歯予防に効果があると考えられています。また、フライパンや鍋の表面をテフロン（フッ素の化合物であるポリテトラフルオロエチレン）でおおうと、焦げつきにくくなります。

フッ素で歯をコーティング

★COLUMN 7★

フッ素の化合物とオゾン層

フッ素、炭素、塩素の化合物であるフロンは、かつてエアコンや冷蔵庫の冷媒（冷却剤）、スプレーの噴霧剤などに使われていました。しかし、オゾン層（P31）の破壊の原因となることが分かったため、現在は塩素をまったく含まないフッ素、炭素、水素の化合物が使われるようになりました。ちなみに、アンモニアや二酸化炭素も冷媒に使われます。

フロンはオゾン層を破壊する

レストランのネオンサイン。

Ne 10 Neon
ネオン

発見年：1898年
原子量：20.18
融点：−248.59℃
密度：0.0008999g/c㎥
沸点：−246.046℃

その光は、パリから世界に広がった。

ネオンは、フッ素(P33)とは反対に、ほかの元素とほとんど反応しません。現在は、プラズマテレビのディスプレイやレーザー光などに使われています。

Q なぜ「ネオン街」や「ネオンサイン」と言うの？

A ネオンによる光を使っていたからです。

ネオンを入れたガラス管に電流を流すと、赤く光ります。ネオンサインは、1910年代にパリから世界へと広まりました。ちなみに、赤以外の色にはほかの元素が使われます。

ネオン以外の光り方

現在はLED照明が普及しているよ

ヘリウム：黄
アルゴン：赤〜青
クリプトン：黄緑
キセノン：青〜緑

★COLUMN8★ 貴ガス（18族）

ほかの元素と反応しにくい
He Ne Ar Kr Xe Rn Og

周期表のいちばん右側にある18族の元素を、「貴ガス」と言います。ほかの元素と反応しにくく、融点や沸点が低いのが特徴です。体内にあるほかの元素とも結びつきにくいため、体に入ってもほとんど害がないと考えられています。名前の由来は、「noble gases（反応しにくいガス）」です。

Q 塩ってナトリウムのことなの？

Na 11 ナトリウム

塩化ナトリウムの結晶。塩素とナトリウムの化合物が、塩化ナトリウムです。

A
塩化ナトリウムのことです。

Q 塩ってナトリウムのことなの？

Na 11 Sodium
ナトリウム

発見年：1807年　原子量：22.99
融点：97.794℃　密度：0.971g/cm³
沸点：882.94℃

塩にもなる。花火にもなる。

ナトリウムは、塩素と結びつくと塩化ナトリウム（食塩）になります。汗や海がしょっぱいのは、塩化ナトリウムを含んでいるからです。反応性が高く、水に入れると激しく爆発します。

塩化ナトリウム＝塩（食塩）

花火の黄色には、ナトリウムの化合物が使われます。

Q1 ナトリウムは、どんな姿をしているの？

A 銀色の金属です。

空気中の水分とも反応してしまうので、保存する場合は石油の中に入れます。

銀色でやわらかいナトリウム。

Q2 ナトリウムは、体内でどんな役割を果たしているの？

A ナトリウムイオンとして、神経伝達で重要な働きをします。

ナトリウムイオンは、浸透圧によって細胞の膜を行き来し、神経伝達を促します。また、体液や細胞の浸透圧を調整したり、消化を助ける働きもあります。ただし、ナトリウムを摂り過ぎると、高血圧や腎臓疾患などの恐れがあるので注意が必要です。

イオン：原子がプラス、もしくはマイナスの電気を帯びた状態のもの。電子を放出すると陽イオン（プラス）、電子を受け取ると陰イオン（マイナス）となります。

Q3 ナトリウムは、なにに使われているの？

A 漂白剤や石けんなどです。

うま味調味料やベーキングパウダーなどにも含まれています。

おいしいものにNaあり

★COLUMN9★ アルカリ金属（1族）

周期表のいちばん左側にある1族の元素を、「アルカリ金属」と言います（水素を除く）。やわらかくて軽い金属で、ほかの元素と反応しやすいのが特徴です。水に溶けるとアルカリ性になることが、名前の由来です。

ほかの元素と反応しやすい

Li　Na　K　Rb　Cs　Fr

マグネシウムは、植物の葉を緑にする葉緑素の主要成分です。

Mg | **12** Magnesium
マグネシウム

発見年：1755年　原子量：24.31
融点：650℃　密度：1.738g/㎠
沸点：1090℃

花にも人にも、欠かせません。

マグネシウムは、軽く、硬く、燃えやすい金属です。
植物の葉緑素（クロロフィル）に含まれていて、
光合成（P31）に欠かせません。
自動車の部品、飛行機の機体、
ノートパソコンなどにも使われます。
昔は写真撮影の際に燃やされ、
フラッシュの代わりに使われたこともありました。

マグネシウム。

 **マグネシウムは、
体にも必要だと聞いたけれど……。**

 骨や歯をつくる栄養素です。

マグネシウムは、精神の安定や高血圧の予防などの効果もあるミネラル（P23）の1つ。カボチャのタネ、アーモンド、ココア、バナナなどに多く含まれています。ほかにも、豆腐をつくる際に必要なニガリ、胃腸薬、下剤などにも含まれています。

 マグネットとマグネシウムは、関係あるの？

 まったくの別物です。

マグネット（Magnet）とは磁石のこと。その由来は、「ギリシャのマグネシア地区の鉱物に天然磁石が含まれていたことから」「天然磁石を発見した『マグネス』という羊飼いの名前から」など、諸説あります。一方、マグネシウムは、マグネシア地区にあった別の鉱物（マグネシア）に含まれていたのが由来だと考えられています。ちなみに、マグネシウムは磁石にくっつきません。

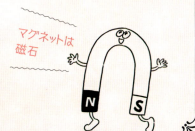

マグネットは
磁石

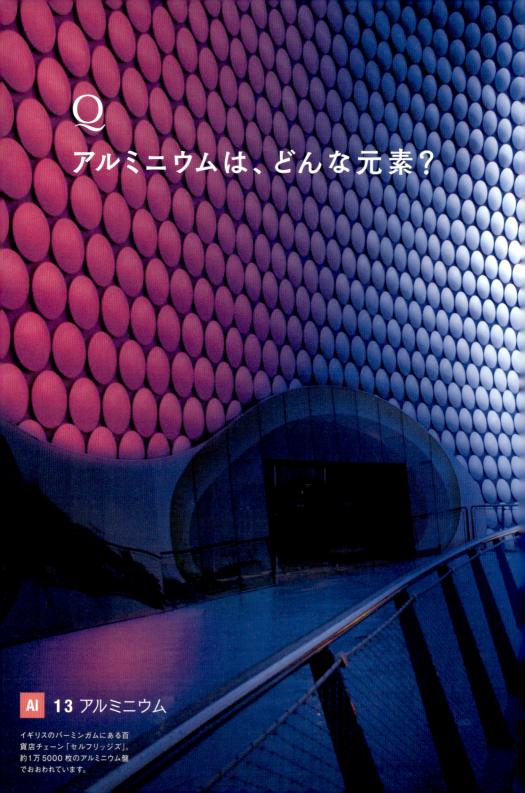

Q アルミニウムは、どんな元素？

Al 13 アルミニウム

イギリスのバーミンガムにある百貨店チェーン「セルフリッジズ」。約1万5000枚のアルミニウム盤でおおわれています。

A
軽くて、内側がさびにくい金属です。

Q アルミニウムは、どんな元素？

Al
13 Aluminium (Aluminum)
アルミニウム

発見年：1825年　原子量：26.98
融点：660.323℃　密度：2.6989g/cm³
沸点：2519℃

かつては、金や銀より貴重でした。

アルミニウムは軽くて、内側がさびにくく、加工しやすい金属です。
「電気を通しやすい」「熱を伝えやすい」「人体に無害である」などの特徴もあるため、
アルミ缶、アルミホイル、1円玉など、日常のさまざまなものに使われています。
ほかにも、薬、宝石、飛行機の機体、東京スカイツリーの展望台、
下水処理場の凝集剤にも使われています。

凝集剤：水中の汚れなどをまとめて沈殿させる薬剤。

観光地として有名な北海道・美瑛町の「青い池」。青く見えるのは、アルミニウムを含んでいるからという説があります。

Q1 なんでアルミニウムはさびにくいの？

A 実は、表面はすぐにさびます。

アルミニウムは、酸素と反応してすぐに表面が酸化します（さびます）。その際、酸化アルミニウムが硬い膜となって表面をおおうため、内側のアルミニウムはさびにくくなるのです。ちなみに、さびた鉄（酸化鉄）はもろいため、ボロボロと崩れてしまい、内側も酸化してしまいます。

高さ634mを誇る東京スカイツリー。中心部分や展望台の外装に、アルミニウムが使われています。

Q2 アルミニウムは、どんな宝石に含まれているの？

A ルビーやサファイアに含まれています。

どちらも、酸化アルミニウムが主成分です。ちなみに、宝石とは硬くて美しく、産出量の少ない鉱物を言います。

ルビー。

サファイア。

Q3 アルミニウムは、手に入れやすいの？

A 現在は、大量生産されています。

アルミニウムが発見されたころは、金や銀よりも貴重で、フランスの皇帝・ナポレオン3世や彼の来賓がアルミニウムの食器を、臣下が金や銀の食器を使っていたこともあったそうです。1800年代後半に大量生産できるようになり、一般的に使われるようになりました。ボーキサイト（地殻にある鉱石の1つ）からアルミニウムを取り出す際、大量の電気を必要とするため、アルミニウムは「電気の缶詰」と呼ばれます。ちなみに、アルミニウムは地球の地殻（P30）に最も多く含まれている金属です。

45

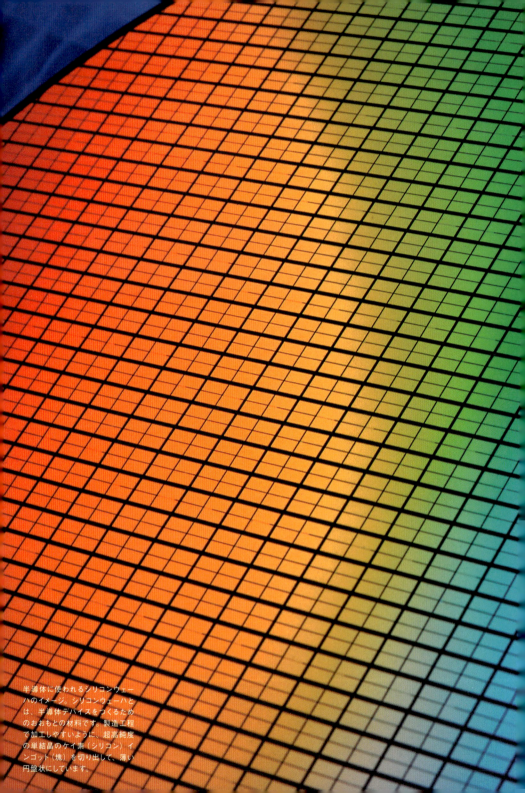

半導体に使われるシリコンウェーハのイメージ。シリコンウェーハとは、半導体デバイスをつくるためのおおもとの材料です。製造工程で加工しやすいように、超高純度の単結晶のケイ素（シリコン）インゴット（塊）を切り出して、薄い円盤状にしています。

Si 14 Silicon
ケイ素

発見年：1823年　原子量：28.09
融点：1414℃　密度：2.3296g/cm³
沸点：3265℃

もしケイ素がなくなったら、世界がストップするかもしれない。

地球の地殻（P30）に含まれる元素の中で、酸素に次いで2番目に多いのがケイ素（シリコン）です。スマートフォンやパソコンなどに必ず入っている半導体や太陽電池のパネルに、ほぼ単体で使われています。

ケイ素。

★COLUMN 10★ 半導体

半導体とは、温度、不純物（本来の物質以外の物質）の量、光の量などによって、電気を通したり通さなかったりする物質のことです。電子機器には欠かせない部品で、ケイ素はその主要な素材です。ちなみに、鉄などの金属は電気を常に通すため「（良）導体」、プラスチックやゴムなどは電気を常に通さないため「絶縁体」と呼ばれます。

「シリコン」って、ケイ素なの？

A 本来は、「ケイ素」単体のことを言います。

ちなみに、酸素透過型のコンタクトレンズや、形成外科・美容整形手術の充填剤の「シリコン」は、ケイ素と炭素の化合物です。

ガラス、セメントなどもケイ素の化合物です。

47

Q 肥料には
なにが含まれているの？

P 15 リン

肥料をまくトラクター。リン、窒素、カリウムの3つの元素が、「肥料の3大成分」と言われます。

A
リン、窒素、カリウムなどが使われています。

Q 肥料にはなにが含まれているの？

15 Phosphorus
リン

発見年：1669年
融点：44.15℃
沸点：280.5℃

原子量：30.97
密度：1.82g/㎤（白リン）

色によって、特徴もいろいろです。

リンは、人の体に欠かせないミネラル（P23）の1つです。
髪の毛、骨、歯をつくるほか、DNAや体のエネルギー源（ATP）となる物質にも含まれています。
また、肥料の3大成分の1つであるほか、家畜のエサやハムなどの保存料にも使われます。
ちなみに、同じリンでも、赤リン、白リン、黒リンなどの同素体によって特徴が異なります。

山口県須佐湾の赤潮。赤潮の主な原因は、海水に植物の栄養となるリンや窒素が増え、植物性プランクトンが大量に発生することです。

★COLUMN11★
同素体

同素体とは、同じ元素でできていても、原子同士の結びつき方が違うもののことです。たとえばリンは、リン原子の結びつき方の違いで、赤リン、白リン、黒リンなどに分かれます。ちなみに、ダイヤモンド、炭、カーボンナノチューブは、どれも炭素の同素体です。

赤リン。

赤リン：マッチ箱の側面の発火材などに使われます。無毒です。

白リン：約60℃で火がつきます。有毒のため、第二次世界大戦の化学兵器にも使われました。

黒リン：半導体（P47）の性質を持ちます。無毒です。

Q1 リンはどうやって発見されたの？

A 人の尿から見つかりました。

1669年、金などの貴重な金属をつくる研究をしていたドイツの錬金術師・ブラントが、尿を煮つめて分析した結果、リンが発見されました。加熱・濃縮した尿を蒸留して、その蒸気を冷やすと固体になりました。熱すると自然発火し、明るく輝き出したそうです。

（左）モロッコにあるリン鉱山。モロッコはリンの産出量が多い国です。
（右）イギリスのジョセフ・ライトの作品『賢者の石を探す錬金術師』には、リンが発見されたシーンが描かれています。

Q2 サリンはリンと関係あるの？

A リンの化合物です。

サリンは、1938年にナチス・ドイツが開発した有毒ガス。リンのほか、水素、炭素、酸素、フッ素が含まれる化合物です。

Q 硫黄はなんで臭いの？

S 16 硫黄

硫黄が噴き出しているエチオピアのダロル火山。硫黄と水素の化合物である硫化水素が、卵が腐ったようなにおいを放ちます。

A
硫黄単体は無臭です。

Q 硫黄はなんで臭いの？

S	16 Sulfur
	硫黄

発見年：－　　原子量：32.07
融点：115.21℃　　密度：2.07g/㎤（α）
沸点：444.61℃

「硫黄のにおい」は、「硫黄の化合物のにおい」でした。

硫黄は、火山のガスや温泉などにも含まれていて、紀元前から人々に知られていた元素です。
「硫黄のにおい」と呼ばれるものはたいてい、硫黄の化合物である硫化水素か、二酸化硫黄（亜硫酸ガス）のにおい。
卵が腐ったような独特の臭さが特徴です。

硫黄単体は無臭

硫黄の結晶は、黄色く輝きます。

① 「卵が腐ったような」と言うけれど、硫黄は卵にも含まれているの？

A 特に卵白に含まれています。

卵白にあるシステインとメチオニンというアミノ酸に、硫黄が含まれています。熱を加えると、アミノ酸が分解されて硫化水素が発生するため、ゆで卵は「硫黄のにおいがする」と言われるのです。硫黄は、タマネギやニンニクなどにも含まれています。

卵白のアミノ酸に含まれています

② 硫黄は体内にもあるの？

A 人の体の約0.25％は硫黄です。

硫黄には、タンパク質同士の結びつきを強める効果があり、特に髪の毛や爪などに多く含まれています。ちなみに、おならには硫化水素が含まれています。

硫化水素は硫黄と水素の化合物

54

群馬県の草津温泉。硫黄の温泉として有名です。

Q3 硫化水素は、人体に影響ないの？

A 毒ガスです。

人が高濃度の硫化水素を吸ってしまうと、死んでしまいます。二酸化硫黄も毒ガスです。

Q4 硫黄は、なにに使われているの？

A ゴムや火薬に含まれています。

硫黄には、ゴムの弾力性を強くする働きがあります。また、酸素のある場所で熱すると、明るく光って燃えるため、火薬やマッチなどにも使われています。ほかにも、硫黄と酸素の化合物である硫酸は、硫黄の最も重要な使い道の1つで、生産量の多い化学薬品です。鉛蓄電池の電解液などに使われています。

硫酸は酸性雨の原因にも

プールの消毒には、次亜塩素酸カルシウムなどが使われます。

Cl 17 Chlorine
塩素

発見年：1774年　原子量：35.45
融点：－101.5℃　密度：0.003214g/㎤
沸点：－34.04℃

プールも水道水も、消毒しています。

塩素は、酸化しやすく、殺菌力の強い元素です。
そのため、衣服や食器の漂白剤、プールや水道水の消毒などに使われます。
海水には、ナトリウムとの化合物である塩化ナトリウム（食塩）として存在しています。

塩素は黄緑色

Q 殺菌力の強い塩素は、飲んでも大丈夫なの？

A 水道水には、ごく微量しか入っていません。

水道水は、コレラやチフスなどの感染症の予防のために、塩素で消毒されています。「カルキ臭」は、塩素と、水道水の中にある有機物やアンモニアが反応して生まれた物質（クロラミン）のにおいです。殺菌力だけでなく毒性もある塩素は、過去に第一次世界大戦で毒ガスとして使用され、その後、農薬や殺虫剤にも塩素化合物が使われました。また、食品用のラップなどにも使われますが、燃やすとダイオキシンを発生する可能性があるので、塩素を含まないラップや袋に変わりつつあります。

ごく微量だから飲んでも大丈夫

★COLUMN 12 ハロゲン（17族）

「ハロゲン」とは「塩を与えるもの」という意味

周期表の17族の元素を、「ハロゲン」と言います。ほかの元素と結びつきやすく、金属と反応すると塩（えん）をつくります（塩化ナトリウムなど）。

塩：金属の陽イオン（カチオン）とハロゲンの陰イオン（アニオン）がイオン結合したもの（電気的にプラスとマイナスが引き合って結合したもの）。

57

多くの蛍光灯には、アルゴンガスが入っています。

Ar	**18** Argon **アルゴン**

発見年：1894年	原子量：39.95
融点：-189.34℃	密度：0.001784g/cm³
沸点：-185.848℃	

ほかの元素とつながりにくい、安定志向の「怠け者」です。

アルゴンは、空気に含まれる元素の中で、
窒素、酸素に次いで3番目に多い元素（空気の約1％）です。
ほかの元素と反応しにくい貴ガス（P35）の仲間で、無色、無臭の気体です。
空気中にあるため、安く手に入り、使いやすい元素です。

 アルゴンの由来は？

A　ギリシャ語の「怠け者（Argos）」が由来です。

常に安定していて、ほかの元素と反応しにくい（不活性である）特徴から、そのように名付けられました。ちなみに、1894年に、イギリスの物理学者・レイリーと化学者・ラムゼーが空気から発見したアルゴンですが、約1世紀前の化学者・キャベンディッシュもその存在に気づいていました。ただ、それを新元素とは思っていなかったそうです。

 アルゴンは、なにに使われているの？

A　金属の溶接、蛍光灯、
　　ネオンサイン（P34）などです。

「ほかの元素と反応しにくい＝酸化しにくい」ため、たとえば、金属の溶接時には酸化防止ガスとして使われます。また、多くの蛍光灯には、放電を一定に保つためにアルゴンガスが入っています。ちなみに、放射性同位体のカリウム40が崩壊すると同位体のアルゴン40に変わります。それを利用して、岩石の中に含まれるカリウムとアルゴンの量を比べて、年代測定を行うこともあります。

放射性：放射能を持つ性質のこと。
同位体：同じ元素の中で、中性子の数が異なる原子のこと。

車の部品を溶接する様子。

59

バナナの木。バナナは、カリウムが多く含まれる食品の1つです。

K 19 Potassium
カリウム

発見年：1807年	原子量：39.10
融点：63.5℃	密度：0.862g/cm³
沸点：759℃	

バナナに多く含まれる金属です。

カリウムはやわらかい金属で、水に触れるとナトリウムより激しく爆発します。
ナトリウムと同じく、空気中の水分とも反応しやすいため、保存時は石油に入れます。
バナナ、アボカド、ホウレンソウなどに多く含まれており、
窒素、リンとともに、肥料の3大成分の1つとしても知られています。
ちなみに、カリウムは1807年にイギリスの化学者であるハンフリー・デービーが、
電気分解で単離して発見しました。
発見のために電気エネルギーが使われた初の元素です。
むかしは、熱で単離できる元素しか見つかりませんでしたが、
電池（電気エネルギー）の利用によって、多くの元素が見つかるようになりました。
さらに時代が進むと、核反応によって元素が発見されるようになります。

単離：混合物から、ある物質だけを分離して取り出すこと。

アルカリ金属（P39）の仲間

Q カリウムは、人の体にどんな効果があるの？

A 神経伝達などに欠かせないミネラルです。

体内では、カリウムイオンとして、ナトリウムイオンとともに神経伝達に関わっています。ほかにも、体液や細胞の浸透圧を調整したり、筋肉を収縮する働きもあります。ちなみに、猛毒の青酸カリは、カリウムの化合物（シアン化カリウム）です。

石油の中で保存されているカリウム。

空気に触れるとすぐに酸化するよ

Q カルシウムは、動物の骨のほかに、どこにあるの？

Ca 20 Calcium
カルシウム

発見年：1808年
融点：842℃
沸点：1484℃
原子量：40.08
密度：1.55g/cm³

鍾乳洞、サンゴ礁、骨……
みんなカルシウムでできている。

カルシウムは、人に欠かせないミネラルで、骨や歯をつくるほか、筋肉の収縮やホルモンの分泌を助ける働きがあります。鍾乳洞、真珠、サンゴ礁、卵や貝の殻などにも含まれ、セメントや大理石として建築物にも利用されています。

カタツムリの殻にも含まれます

メキシコの「クエバ・デ・ロス・クリスタレス（結晶の洞窟）」。カルシウムを含むセレナイトでできています。

Q1 カルシウムは白いの?

A 単体では、銀白色です。

色が白いのは、カルシウムの化合物。たとえば、骨の主成分はリン酸カルシウム、バムッカレ(P62)の白い部分は炭酸カルシウムでできています。ちなみに、塩化カルシウムは融雪剤として使われます。

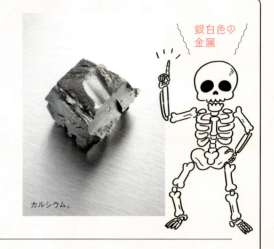

銀白色の金属

カルシウム。

Q2 石灰はカルシウム?

A カルシウムが主成分です。

石灰は主に2種類あります。天然に存在する石灰石を、高温で加熱してつくるのが生石灰(きせっかい)。主成分は酸化カルシウムです。生石灰に水を加えて加工したのが消石灰(しょうせっかい)。主成分は水酸化カルシウムです。

石灰石。主成分は炭酸カルシウムです。

生石灰：酸化カルシウム
消石灰：水酸化カルシウム

★COLUMN 13★
硬水とカルシウム

硬水とは、カルシウムとマグネシウムが多く溶けている水のことです。1リットルの水に含まれるカルシウムとマグネシウムの量を「硬度」と言い、日本では一般的に硬度100mg以上を硬水、100mg未満を軟水としています。硬水には、便秘解消や動脈硬化の予防などの効果が期待されますが、お腹がゆるくなる恐れ、結石のリスクもあります。ちなみに、ヨーロッパでは硬水が多いのに対し、日本の水道水やミネラルウォーターは、多くが軟水です。山が多く平地が狭い日本の地形では、川の流れが速く、地層中のミネラルを吸収する前に水が海に流れ込んでしまうのが理由の1つです。

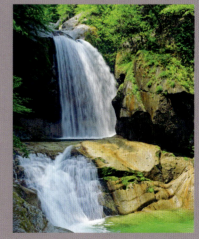

南アルプス・甲斐駒ケ岳を源とする清流が美しい尾白川渓谷。

スカンジウム。スウェーデンの化学者であるラルス・ニルソンが発見しました。

Sc 21 Scandium
スカンジウム

発見年：1879年 　 原子量：44.96
融点：1541℃ 　 密度：2.989g/c㎥
沸点：2836℃

スカンジナビア半島の石から発見されたことが、名前の由来です。

スカンジウムは、まとまって存在する場所がありません。「土にわずかに含まれている元素」という意味で、「希土類（レアアース）」と呼ばれる元素の1つです。ちなみに、元素周期表を考えたメンデレーエフは、当時まだ発見されていなかったスカンジウムについて、「周期表の中でホウ素の2つ下にある元素（エカホウ素）」と予測していました。

1870年にメンデレーエフが発表した周期表。彼は1869年に最初の周期表を発表しています。

 スカンジウムは、なにに使われているの？

 スタジアムの照明、自転車、金属バットなどです。

スカンジウムを含むメタルハライドランプは、発光効率がよく、太陽光に近い光を出すため、スタジアムの照明に使われます。また、アルミニウムとの合金は、強度が上がるため、金属バットや自転車のフレームなどにも使われます。

★COLUMN14★

遷移元素

周期表の3族から11族までの元素を、「遷移元素」と言います。遷移元素の仲間は、縦の列（族）ではなく、横の列（周期）ごとに性質の似た元素が並びます（P27）。

※12族を遷移元素に含めることもあります。

スペインのビルバオ・グッゲンハイム美術館。外装にチタンが使われています。

Ti 22 Titanium
チタン

発見年：1791年　　原子量：47.87
融点：1670℃　　　密度：4.54g/cm³
沸点：3287℃

あるときは空を飛び、
あるときは人の体の一部になる。

チタンは軽くて硬く、さびにくい金属です。
とても軽い金属であるアルミニウムと比べ、
重さは約1.5倍、硬さは約6倍になります。
産出量は多いのですが、
精錬が難しいために高価です。
精錬：不純物を取り除いて純度を高めること。

チタン。

① チタンはなにに使われているの？

A　チタン合金は飛行機などに使われます。

眼鏡のフレームやゴルフクラブのヘッドなどにも使われるほか、人体に害がほとんどないため、人工関節、歯のインプラント、ピアスにも使われます。また、チタンの化合物である二酸化チタンは、化粧品や白い絵の具などに含まれています。

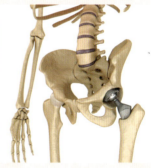

チタン製の人工股関節（イメージ）。

② 二酸化チタンには、どんな特徴があるの？

A　光を反射しやすく、より白く見えます。

光が当たると、汚れやにおいを分解したり、水がなじみやすくなる（水と二酸化チタンがなじんで汚れを浮かせる）ため、住宅の壁やトイレの床などに使われます。これは、「本多－藤嶋効果」と呼ばれる、1970年代に発表された光触媒反応を利用したものです。
光触媒：自身は変化せず、光エネルギーによって化学反応のスピードを速める物質。

毒キノコであるベニテングタケ。バナジウムの化合物が含まれています。

V 23 Vanadium
バナジウム

発見年：1801年・1830年　原子量：50.94
融点：1910℃　　　　　　密度：6.11g/㎤
沸点：3407℃

クロムだと疑われたため、発見年が2つあります。

バナジウムは、硬くて熱に強く、さびにくい金属です。
バナジウムを混ぜた合金は、強度が上がり、しなりもよくなる（折れにくくなる）ため、
刃物のほか、ドライバー、ペンチ、スパナをはじめとする工具などに使われます。
ちなみに、ベニテングタケ、ホヤ、ウミウシなどにも含まれています。

ジェットエンジンの
カバーや原子炉の
構造材にも

（左）ウミウシ。
（右）主要なバナジウム鉱石
である褐鉛（かつえん）鉱。

バナジウムの由来は？

A 北欧神話の「美の女神（Vanadis）」です。

1801年、メキシコの鉱物学校教授であるデル・リオが発見しましたが、当時すでに発見されていたクロムではないか、という指摘を受けて撤回。1830年にスウェーデンの鉱物学者・セフストレームが再発見し、デル・リオの正しさが証明されました。

バナジウムは、レアメタル
（P15）の1つです。

バナジウムは、人の体には含まれていないの？

A ごく少量ですが、含まれています。

最近では、血糖値を下げる効果があると考えられていて、バナジウムの入ったミネラルウォーターやサプリメントも販売されています。

クロム。単体では銀白色ですが、宝石や顔料のもとになります。名前の由来は、ギリシャ語の「色(Chroma)」です。

Cr 24 Chromium
クロム

発見年：1797年　　原子量：52.00

融点：1907℃　　密度：7.19g/cm³

沸点：2671℃

ギリシャ語の「色」に由来し、あの名画にも使われました。

クロムを鉄に混ぜた合金が、
食器や台所などでよく使われるステンレスです。
クロムは人の体に必要なミネラルですが、
有害物質でもあります。
ちなみに、エメラルドの緑色やルビーの赤色をつくるのは、
不純物として含まれるクロムです。
また、「クロムイエロー」と呼ばれるクロムと鉛の酸化物は、
黄色の顔料になり、ゴッホの「ひまわり」に使われています。

紅鉛（こうえん）鉱。クロムはこの鉱石から発見されました。

 なんでステンレスはよく使われるの？

A 酸化したクロムが硬い膜となって全体をおおうため、内側がさびないからです。

アルミニウムの内側がさびにくいのと、仕組みは同じです（P45）。

 人に必要なミネラルなのに、なんで有害でもあるの？

A 電子の数によって性質が変わるからです。

3価クロム（電子が3つ少ないクロム）は、体に必要なミネラルで、糖尿病の予防や改善に効果があると考えられています。しかし、6価クロム（6つの電子を失っているクロム）は毒性が強く、かつては化学工場周辺の土壌汚染や産業廃棄物などによる健康被害もありました。

3価クロムは豆類や玄米などに多く含まれます

マンガンの鉱石の1つ、
菱(りょう)マンガン鉱。

Mn 25 Manganese
マンガン

発見年：1774年　原子量：54.94
融点：1246℃　密度：7.44g/cm³
沸点：2061℃

日本の近くの海底にも、眠っています。

マンガンは鉄より硬いのですが、もろい金属です。
人の体に必要なミネラルで、
豆類、ナッツ、茶葉などに多く含まれています。
また、長い年月をかけてかたまった
「マンガン団塊」という鉱物が、
深海にあることも知られています。
ちなみに、マンガンもクロムと同じく、
酸化物は赤紫、深緑、淡紅色などになります。

強い酸化剤である過マンガン酸カリウム。

Q もろい金属に、使い道はあるの？

A 合金にしたり、電池に使われます。

マンガンを混ぜた合金は、磨耗しにくく、衝撃に強くなるため、鉄道のレールやカミソリなどに使われます。また、マンガン乾電池やアルカリマンガン乾電池では、二酸化マンガンがプラス極で電子を受け取る役割をしています。

単体だと銀白色

マンガン。

Q
隕石って、石だけなの？

Fe 26 鉄

宇宙にあるちりが地球の大気にぶつかって光るのが流れ星です。燃え尽きずにそのまま落ちてくると、隕石と呼ばれます。ちなみに、鉄の場合は「隕鉄（いんてつ）」と呼ばれます。

A
鉄が落ちてくることもあります。

Q 隕石って、石だけなの？

Fe	26 Iron 鉄

発見年：ー　　原子量：55.85
融点：1538℃　　密度：7.874g/cm³
沸点：2861℃

栄養、道具、建物として、健康と文明を支えています。

鉄は紀元前から人々の暮らしに身近な金属です。
古代エジプトのツタンカーメンの墓で見つかった短剣は、隕鉄でつくられたと考えられています。
当時の鉄は、金よりも貴重なものでした。
また、地球の中心にある核（コア）の約85％は、鉄でできていると言われています。

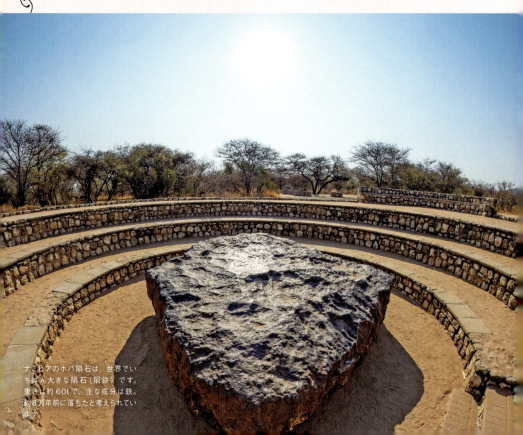

ナミビアのホバ隕石は、世界でいちばん大きな隕石（隕鉄）です。重さは約60tで、主な成分は鉄。約8万年前に落ちたと考えられています。

① いろいろなものに鉄が使われているのはなぜ？

A 原料が多く、硬くて加工しやすいからです。

鉄は原料となる酸化鉄の量が多いため、安く手に入れることができます。また、硬くて丈夫なだけでなく、加工しやすいため、車、船、飛行機、建築物の鉄筋や鉄骨など、さまざまな場所で使われています。

東京タワーは、3000t以上の鉄でつくられています。

---

② 鋼(はがね)も鉄なの？

A 鉄に少量（0.02〜2％ほど）の炭素を含ませた合金です。

鉄や鋼は、さびやすいという欠点があるため、ほかの金属との合金やめっき（材料を金属の膜でおおうこと）によってさびを防いでいます。ちなみに、鋼も鋼鉄も同じものです。

鋼＝スチール（Steel）

ステンレス	鉄とクロムの合金
トタン	鉄を亜鉛でおおっためっき
ブリキ	鉄をスズでおおっためっき

---

③ 磁石にくっつく砂鉄も鉄なの？

磁石の原料にもなります

A 磁鉄鉱と呼ばれる酸化鉄です。

岩石の中にあった酸化鉄が、風化や侵食によって削られ、川の底などに積もったものが砂鉄です。

磁鉄鉱（じてっこう）。精錬すると鉄になります。

---

④ 体内の鉄が不足すると、どうなるの？

A 貧血を起こしてしまいます。

体内で全身に酸素を運んでいるのは、赤血球にあるヘモグロビンです。ヘモグロビンの中心には、鉄の原子があります。そのため、鉄が不足すると酸素が体内にまわらなくなり、貧血になってしまうのです。鉄は、ホウレンソウ、レバーなどに多く含まれます。ちなみに、血が赤いのは、ヘモグロビンの色素によるものです。

鮮やかな青空や青い海を、
「コバルトブルーの空（海）」
と呼ぶことがあります。

Co	27 Cobalt コバルト

発見年：1735年　原子量：58.93
融点：1495℃　密度：8.90g/cm³
沸点：2927℃

コバルトブルーが有名ですが、単体では銀白色です。

コバルトはビタミンB12の中心に含まれる、人に欠かせない元素です。
ビタミンB12は体内の腸内細菌によってつくられるため、日常的にコバルトを摂取しておく必要があります。
クロム、ニッケル、モリブデンなどとの合金は、高温に強いため、飛行機のエンジンのタービンにも使われています。

肉や魚などに多く含まれています

コバルトやヒ素などを含む、ピンク色の鉱物・コバルト華。

「コバルトブルー」ってなに？

A　コバルトの化合物による青です。

コバルトとアルミニウムの酸化物による青が、一般的にコバルトブルーと呼ばれます。古くから、陶器やガラスを青くする色素として知られ、現在は絵の具にも使われています。ちなみに、シリカゲル乾燥剤が青いのは、塩化コバルトの色です。

（左）コバルトは、単体だと銀白色です。磁性が強いため、磁石の原料に用いられます。
（右）乾燥剤に使われる青いシリカゲル。水分を含むとピンクになります。

スペースシャトルがドッキング中の国際宇宙ステーション（ISS）。ISSのバッテリーには、ニッケル水素電池が使われていました。現在は日本製のリチウムイオン電池が採用されています。

Ni	28 Nickel ニッケル
発見年：1751年	原子量：58.69
融点：1455℃	密度：8.902g/cm³
沸点：2913℃	

宇宙で活躍した電池の素材です。

地球の核(コア)の約10％は、ニッケルだと言われています。ニッケルの鉱石には銅の鉱石に似たものがあり、精錬しても銅が得られなかったため、それを「偽物の銅鉱石(Kupfernickel)」と呼んだことが名前の由来とされています。ちなみに、金属アレルギーを起こしやすい金属の1つです。

「偽物の銅鉱石」と呼ばれた紅砒(こうひ)ニッケル鉱。

 ニッケルは、なにに使われるの？

A めっきや合金に適しています。

加工しやすく、鉄より酸化しにくいため、さびを防ぐめっきとして使われます。また、ニッケルとチタンの合金は、変形しても、ある一定の温度以上に加熱すると元の形に戻る形状記憶合金になります。ニッカド電池やニッケル水素電池といった二次電池にも含まれ、鉄やコバルトと同じく磁性が強く、磁石の原料にもなります。また、医薬品などの合成において、水素を反応させる触媒にも使われます。
触媒：自身は変化せず、化学反応のスピードを速める物質。
二次電池：充電して再利用できる電池。

ニッケルを含む金属の塊。

銅との合金は100円玉に

Q
銅を使った建造物には、なにがあるの？

Cu 29 銅

アメリカ・ニューヨークにある自由の女神。

A
自由の女神などの
銅像があります。

Cu 29 銅 Copper

発見年：－
融点：1084.62℃
沸点：2560℃
原子量：63.55
密度：8.96g/c㎥

Q 銅を使った建造物には、なにがあるの？

石器時代、青銅器時代、鉄器時代。
鉄より前に、文明を支えた金属です。

銅と人の歴史は古く、最も古いものでは1万年以上前につくられた小さい銅の玉が残っています。また、紀元前3000年頃から紀元前1200年頃までは青銅器時代と呼ばれ、銅の酸化物を木炭などの炭素といっしょに熱して、銅を取り出していたそうです。

青銅器時代の前は石器時代

自然にある銅（自然銅）。「火」というエネルギーを人類が手に入れたことで発見された元素です。

アメリカ・アラスカの銅鉱山。

銅はどんな元素？

A 力を加えても折れずに曲がり、薄くのばせます。

熱や電気を伝えやすく、金や銀より安いため、調理器具や電線などに使われます。また、抗菌作用もあるため、抗菌グッズや硬貨にも使われます。

 ## 10円玉は銅なの？

A 銅の合金です。　銅の合金は、日本円の硬貨やメダルなど、さまざまなものに使われています。

真鍮（しんちゅう）　銅と亜鉛の合金。黄銅（おうどう）とも言います。
使用例：仏具　金管楽器　5円玉　500円玉（ニッケルも約8％含む）

白銅（はくどう）　銅とニッケルの合金。
使用例：50円玉　100円玉

青銅（せいどう）　銅とスズの合金。ブロンズとも言います。
使用例：青銅器　銅像　銅メダル　10円玉（亜鉛も3〜4％含む）

アルミ銅　銅とアルミの合金。
使用例：アクセサリー

（左）青銅でできた弥生時代の銅鐸。祭祀の際に使われたと考えられています。青銅器は、刀や武具にも使われました。
（右）孔雀石（くじゃくいし）。10円玉がさびたときに現れる緑色の緑青（ろくしょう）と、成分はほぼ同じです。

 COLUMN15

銅とイカ・タコ

イカの血は、青い色をしています。血の中で酸素を運ぶタンパク質（ヘモシアニン）が、青色の銅イオンを含んでいるためです。

タコも青い血

牡蠣（かき）の養殖。牡蠣は、亜鉛が多く含まれる食品の1つです。

Zn 30 Zinc
亜鉛

発見年：1746年	原子量：65.38
融点：419.527℃	密度：7.134g/cm³
沸点：907℃	

「トタン板」として使われています。

亜鉛は、鉄より酸化しやすい金属です。トタン（鉄を亜鉛でおおっためっき）、真鍮（P87）、ボタン電池のマイナス極などに使われます。

亜鉛の主要な鉱石の1つである菱（りょう）亜鉛鉱。

 鉄よりさびやすいのに、トタンに使われるのはなぜ？

A さびが内側の鉄をおおうからです。

さびた亜鉛がきめ細かい膜となり、内側の鉄をおおうため、鉄は酸素に触れにくく、さびない状態を保てます。

亜鉛は、鉛に色や形が似ていたことが名前の由来です。

 体内で亜鉛が足りなくなると、どうなるの？

A 味覚や腎臓などに障害が出ます。

人にとって必須のミネラルで、さまざまな酵素に含まれる亜鉛。細胞分裂を促す酵素を活性化させる働きがあるため、不足すると味覚や腎臓障害のほか、生殖機能の障害や免疫力の低下を引き起こします。ちなみに、亜鉛は牡蠣のほか、牛肉、サバなどに多く含まれます。

亜鉛は胃潰瘍の治療薬にも使われます

三重県にある、なばなの里のLEDイルミネーション

Ga 31 Gallium
ガリウム

発見年：1875年　原子量：69.72
融点：29.7646℃　密度：5.907g/c㎥
沸点：2229℃

暑い日には、溶けてしまいます。

ガリウムは、融点が低い金属で、アルミニウムや亜鉛を精錬する際に副産物として得られます。コンピュータやスマートフォンの半導体に使われるほか、LED（発光ダイオード）にも含まれています。また、沸点が高いため、高温温度計に使われます。
ちなみに、元素周期表を考えたメンデレーエフは、当時まだ発見されていなかったガリウムについて、「周期表の中でアルミニウムの下にある元素（エカアルミニウム）」と予測（P67）。ガリウムが発見されたことによって、その周期性の正しさが証明されました。

水銀やセシウムも融点が低い金属

 LEDの色の違いは、どうやって出すの？

 ガリウムの化合物の違いで、色が変わります。

3～4元素の組み合わせで色を出すLEDは、信号やイルミネーションなど、生活に身近なところで多く使われています。

赤：ガリウム　アルミニウム　ヒ素
黄：ガリウム　アルミニウム　インジウム　リン
青：ガリウム　窒素　インジウム

★COLUMN16★
ガリウムと手品

代表的な手品の1つ、スプーン曲げ。スプーンを指でつまみ、しばらくするとグニャリと曲がるのを見て、驚いたことがある方も多いのではないでしょうか。もしかしたら、そのスプーンはガリウムでできていて、指の温度で溶けて曲がったのかもしれません。

ガリウムは、レアメタル（P15）の1つです。

Ge 32 Germanium
ゲルマニウム

発見年：1886年　　原子量：72.63
融点：938.25℃　　密度：5.323g/cm³
沸点：2833℃

ドイツの古代名が、名前の由来です。

ゲルマニウムは、元素周期表を考えたメンデレーエフが、
「周期表の中でケイ素の下にある元素（エカケイ素）」と予測した元素です。
その後、化学者・ヴィンクラーがゲルマニウムを発見。
ヴィンクラーの母国であるドイツの古代名「ゲルマニア（Germania）」が由来となりました。
光の屈折率を上げる特性を利用して、光通信用の光ファイバーに使われるほか、
ペットボトルをつくる際の触媒にも用いられます。
また、可視光（人の目で見える光）を通さず、赤外線を通す性質があるため、
赤外線レンズにも使われています。
ちなみに、かつてはトランジスタ（電流をコントロールする半導体の部品）の原料として、
ラジオなどに使われていましたが、現在はその座をケイ素（シリコン）に奪われています。

ゲルマニウム。メンデレーエフが元素周期表を発表した当時は、まだ発見されていませんでした。

As 33 Arsenic
ヒ素

発見年：1200年代　原子量：74.92
融点：817℃（3.7MPa）　密度：5.78g/㎤（灰色）
沸点：616℃（昇華）

命を奪う毒であり、命を救う薬にもなる。

毒のイメージが強いヒ素ですが、
人の体内にもわずかに含まれています。
ヒ素の化合物である酸化二ヒ素が、
急性前骨髄球性白血病の治療に使われるほか、
ヒ化ガリウム（ガリウムヒ素）が
半導体やLED（赤）に使われています。
ちなみに、ナポレオンは毛髪分析の結果から、
ヒ素中毒が死因だと考えられています。

ヒジキにも含まれています

ヒ素。

ニュージーランド・北島のワイオタプにあるデビルズバス（Devil's Bath）。ヒ素を含んでいます。

Se　**34** Selenium
セレン

発見年：1817年　　原子量：78.97
融点：220.8℃　　密度：4.79g/㎤
沸点：685℃

「月の女神」を由来とする理由は、周期表に隠されています。

セレンは、普段は電気を通さない絶縁体（P47）の元素です。
しかし、光を当てると導体となり、光の量によって電流が増減するため、
かつては、コピー機の感光ドラムなどに使われていました。
セレンを含んだガラスは、太陽熱の透過を減らすのでビルの窓に適しています。
ちなみに、名前の由来が「月の女神（Selene）」なのは、
元素周期表の中で1つ下にあるテルル（地球）と似た性質を持つからです。

日本が世界一の生産国

セレン。体に必要な元素であり、不足すると心不全や白内障などを引き起こす恐れがありますが、摂りすぎると毒となります。

Br 35 Bromine 臭素

発見年：1825年
融点：−7.2℃
沸点：58.8℃
原子量：79.90
密度：3.1226g/cm³

水銀以外にも、普段、液体で存在する元素がある。

ギリシャ語の「悪臭(Bromos)」が由来の臭素には、その名の通り、鼻にツンとくる不快なにおいがあります。普段は液体で存在する珍しい元素です（ほかには水銀のみ）。臭素の化合物である臭化銀は、写真の感光材に使われます。ちなみに、「ブロマイド」という言葉の由来は英語の「臭素の化合物(Bromide)」です。

底に溜まっているのが液体の臭素。その上には蒸発した気体の臭素があります。

シリアツブリボラなどの貝から採取する臭素を含んだ染料は、「貝紫（かいむらさき）色」として古くから織物に使われてきました。

Kr	36 Krypton
	クリプトン

発見年：1898年　原子量：83.80
融点：−157.37℃　密度：0.0037493g/c㎥
沸点：−153.415℃

声の高さを変えるのは、
ヘリウムだけではありません。

1897年、イギリスの化学者・ラムゼーは、すでに発見されていたヘリウムとアルゴンのほかに、貴ガス(P35)に3つの元素が存在することを予測しました。
実験は困難を極めましたが、1898年にトラバースとともにクリプトンを発見。
ギリシャ語の「隠れている(kryptos)」にちなんで、クリプトンと命名しました。
空気中にごくわずかに含まれるクリプトンは、ほかの元素と反応しにくい無色無臭の貴ガスです。
熱を伝えにくいため、電球に入れると長持ちするほか、
クリプトンの青白い光はカメラのフラッシュにも使われます。
ちなみに、クリプトンはヘリウムと違い、密度が高くて重い気体なので、吸い込むと低い声が出ます。

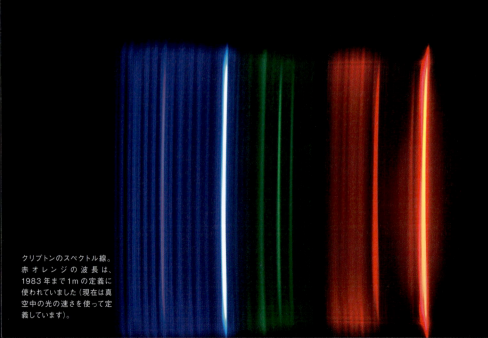

クリプトンのスペクトル線。赤オレンジの波長は、1983年まで1mの定義に使われていました（現在は真空中の光の速さを使って定義しています）。

Rb 37 Rubidium
ルビジウム

発見年：1861年　原子量：85.47
融点：39.30℃　密度：1.532g/cm³
沸点：688℃

岩石や隕石の年代を、
教えてくれる元素です。

アルカリ金属（P39）であるルビジウムは、
ドイツの化学者・ブンゼンとキルヒホッフによって発見されました。
水と反応すると、水素を発生させて爆発します
（空気中でも自然に発火することがあります）。
ルビジウム原子時計は、正確性ではセシウム原子時計に劣るものの、小型で安価です。
また、放射性同位体のルビジウム87は、ストロンチウムの同位体87に変わります。
半減期は約488億年で、岩石などに含まれる量を調べて年代測定に使われます。

半減期：放射性元素の原子の量が、半分になるまでの期間のこと。

花火の紫色にも
使われます

磨く前（左）と磨いたあと（右）のリチア雲母。この鉱物を分析しているときに、ルビジウムが発見されました。

ストロンチウムは、銀白色のやわらかい金属です。

Sr 38 Strontium
ストロンチウム

発見年：1790年　原子量：87.62
融点：777℃　密度：2.54g/㎤
沸点：1377℃

暗い夜に活躍する金属です。

ストロンチウムは、アルカリ土類金属の元素です。ストロンチアン石や天青石に多く含まれ、アルカリ金属ほどではないですが、水と激しく反応します。核爆発後に発生する放射性同位体のストロンチウム90は、1986年に旧ソ連で起きたチェルノブイリ原発事故の放射能にも含まれていた有毒な物質ですが、その他の同位体のストロンチウムは無害です。

アルカリ土類金属：2族の元素のこと。ベリリウム、マグネシウムを含まないこともあります。

天青石。主な成分は硫酸ストロンチウムです。

 ストロンチウムはなにに使われるの？

A 濃い赤の花火に使われます。

塩化ストロンチウムは、濃い赤で燃えることから花火や発煙筒に使われます。また、ストロンチウムとアルミニウムの化合物は、まわりの光を吸収したあと、時間をかけて放出するため、夜光塗料にも使われます。

ストロンチウムを使った夜光塗料。

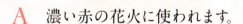

★COLUMN17★ 似ている元素を勘違い(？)する人体

カリウムやカルシウムは、人の体にとってとても大切な元素です。カリウムは人の体の細胞で神経伝達などに関わり、カルシウムは骨や歯のもととなっています。しかし、1族のカリウムに似ている放射性セシウムが体内に入ると、体はカリウムと同じように全身の細胞にセシウムを届けてしまい、内部被曝を起こしてしまいます。また、2族のカルシウムに似ている放射性ストロンチウムが体内に入ると、体はカルシウムと同じようにストロンチウムを骨に届けてしまい、骨や骨髄の細胞にダメージを与えてしまうのです。

Y 39 Yttrium
イットリウム

発見年：1794年 原子量：88.91
融点：1522℃ 密度：4.47g/cm³
沸点：3345℃

北欧の村が、名前の由来です。

イットリウムは、フィンランドの化学者・ガドリンがスウェーデンのイッテルビーにあったガドリン石（イッテルバイト）から発見しました。イットリウム、アルミニウム、ガーネットの化合物であるYAGレーザーは、医療、通信、測量などに使われるほか、白色のLEDの材料にもなります。

ガドリン石。

イットリウム。レアアースの1つです。

Zr 40 Zirconium
ジルコニウム

発見年：1789年　原子量：91.22

融点：1854℃　密度：6.506g/cm³

沸点：4406℃

ダイヤでなくとも、
ダイヤのように輝きます。

ジルコニウムは硬くて熱に強く、酸化しにくい金属で、セラミック製のはさみや包丁に用いられます。
中性子を吸収しないので、
中性子によって核分裂反応を起こす原子炉において、
燃料棒や配管などの材料として使われています。
また、酸化ジルコニウムの結晶は、透明で屈折率が大きく、美しい宝石「ジルコニア」として知られています。

セラミック：無機化合物を加熱して固体にしたもの。

ジルコニウム。

ダイヤモンドのイミテーションに用いられるジルコニア。

Nb 41 Niobium
ニオブ

発見年：1801年　原子量：92.91
融点：2477℃　密度：8.57g/cm³
沸点：4741℃

発見当時は、別の名前でした。

ニオブは、1801年にイギリスの化学者・ハチェットによって発見された当時、「コロンビウム」と命名されましたが、のちにタンタルと同じ元素と考えられてしまいます。その後、ドイツのローゼが再発見し、ギリシャ神話の「タンタロス（Tantalos）」の娘である「ニオベ（Niobe）」にちなんで名づけられました。
しかし、イギリスやアメリカでは20世紀中ごろまで「コロンビウム」と呼ばれていたそうです。
ニオブは合金に用いられることが多い金属です。
鋼にニオブを加えると、熱に強く、さびにくくなるためジェットタービンエンジンなどに使われています。
ニオブとチタンの合金は超伝導体として、リニアモーターカーやMRI（核磁気共鳴画像法）の電磁石に使われています。

超伝導体：極めて低い温度にすることで、電気抵抗がなくなるもの。

ニオブの80％以上は、ブラジルで産出されます。

リニアモーターカー（イメージ）

Mo 42 Molybdenum
モリブデン

発見年：1778年　原子量：95.95

融点：2622℃　密度：10.22g/c㎥

沸点：4639℃

二日酔いを防ぐ酵素になります。

モリブデンの多くは、
ステンレスとの合金に使われます。
より硬く、熱に強く、さびにくくなるからです。
人の体内では、アルコールを分解する酵素や
有害物質を尿酸に変える酵素にも含まれています。
また、植物が空気中の窒素を使って
アンモニアをつくる際（P27）にも、
モリブデンが窒素を取り込む酵素として
重要な役割を果たしています。

モリブデン。

石英の中にあるモリブデナイト（輝水鉛鉱）。モリブデンの主要な鉱石です。モリブデンは、モリブデナイトから発見されました。

Tc 43 Technetium テクネチウム

発見年：1937年　原子量：(99)
融点：2157℃　密度：11.5g/cm³（計算値）
沸点：4262℃

世界初の人工元素です。

1937年、モリブデンの原子核に陽子を1つ増やすことで世界初の人工元素、テクネチウムがつくられました。
名前の由来は、ギリシャ語の「人工(Tekhnetos)」です。
放射性同位体のテクネチウム99は、
半減期が約6時間と短く、体内に入っても比較的安全とされ、
放射線診断薬としてガンの骨転移を調べるのに使われます。

放射性同位体のテクネチウム99により、異常のある部分（緑）が分かります。

Ru 44 Ruthenium ルテニウム

発見年：1828年　原子量：101.1
融点：2333℃　密度：12.37g/cm³
沸点：4147℃

あなたの思いを、筆先から伝えます。

ルテニウムは、白金族の元素の1つです。
ハードディスクの磁性層に使われるほか、
合金が万年筆のペン先にも使われています。
有機物を合成する触媒にも利用され、
「不斉(ふせい)ルテニウム触媒」を開発した
化学者・野依良治(のよりりょうじ)は
2001年にノーベル化学賞を受賞しました。

白金族：白金に似た性質を持つグループ。

アクセサリーのめっきにも

ルテニウム。

Rh 45 Rhodium
ロジウム

発見年：1803年　　原子量：102.9

融点：1963℃　　密度：12.41g/cm³

沸点：3695℃

白金族の1つで、とても希少な金属です。

ロジウムは、発見された水溶液がバラ色であったことから、
ギリシャ語の「バラ（Rhodon）」を名前の由来としています。
主に、車の排ガスの有害成分を低減させる
触媒コンバーターとして使われています。
排ガスとして出る一酸化炭素を二酸化炭素にしたり、
窒素酸化物を分解して
窒素と酸素にする性質があるのです。
ほかにも、アクセサリーのめっきに使われます。

触媒コンバーター。

Pd 46 Palladium
パラジウム

発見年：1803年　　原子量：106.4

融点：1554.8℃　　密度：12.02g/cm³

沸点：2963℃

ロジウムといっしょに見つかりました。

白金族の1つであるパラジウムは、
1802年に発見された小惑星（Pallas）が名前の由来です。
ロジウムと同じく、主に触媒コンバーターに使われます。
また、気体の水素を吸収する性質があり、
微粉末は、自身の体積の
約900倍の水素を吸収します。

銀の
イミテーションにも
使われます

パラジウム。

Q 銀がとれる国はどこ？

Ag 47 銀

世界遺産に指定されている島根県の石見（いわみ）銀山。龍源寺間歩（りゅうげんじまぶ）は、江戸時代初期から1943年まで銀が掘られていた坑道です。

A
メキシコや中国などです。

Q 銀がとれる国はどこ？

Ag 47 Silver
銀

発見年：—
融点：961.78℃
沸点：2162℃
原子量：107.9
密度：10.500g/㎤

日本はかつて、世界有数の「銀大国」でした。

銀は、光の反射率が高く、電気をよく通す金属です。
しかし、空気中の硫黄に反応して黒くなる上に、高価なため、電子機器にはあまり使われません。
ちなみに、日本は1600年代初期に、世界の産出量の30％ほどを占めていたそうです。

① 英語は「Silver」なのに、なんで元素記号は「Ag」なの？

A ラテン語の「銀（Argentum）」からとっています。

ちなみに、アルゼンチンという国名もラテン語の「銀」が由来です。1500年代にやってきたヨーロッパ人は、この地に銀があると考えていました。

石灰の上にある自然の銀（自然銀）。

② 銀はなにに使われているの？

A 古くから食器、アクセサリー、貨幣などに使われています。

貴族の食器に使われていたのは、硫化ヒ素などの硫黄を含む毒を盛られた際に、食器が黒くなり、気づくことができるからとも言われています。また、臭化銀は写真の感光材に使われます。銀イオンには殺菌効果があるため、抗菌剤や消臭剤に使われるほか、医療への活用も期待されています。

紀元前261年につくられたとされる銀貨。

旧約聖書にも銀製法に関する記述があります

兵庫県の生野(いくの)銀山。石見銀山とともに江戸時代には徳川幕府の財政を支え、1973年に閉山しました。

Q3 銀行も銀と関係があるの？

A 関係があります。

日本語の「銀行」は、1872年に英語の「Bank」を「銀行」と訳したことで生まれました。「行」は中国語で「店」という意味。「金銀を扱う店」なので、「金行」と「銀行」が有力案でしたが、語呂がいいことから「銀行」に決まったそうです。ほかにも、実業家の渋沢栄一が名づけたという説や、銀の方が流通していたからという説などもあります。

「金行」になった可能性も？

カドミウム。やわらかい
金属です。

Cd	48 Cadmium
	カドミウム

発見年：1817年	原子量：112.4
融点：321.069℃	密度：8.65g/cm³
沸点：767℃	

モネ、ゴッホ、ゴーギャンなど、印象派の画家が愛した色がある。

カドミウムは、亜鉛や銅を精錬する際に得ることができる金属です。寿命の長い二次電池(P83)であるニッカド電池のマイナス極(プラス極はニッケル)のほか、絵の具やペンキの黄色(カドミウムイエロー)に使われます。

カドミウムは毒？

A 摂りすぎると腎臓に障害が出ます。

腎臓に障害が出ると、尿からカルシウムが出てしまい、骨が弱くなってしまいます。そのため、くしゃみなどの少しの動きでも骨が折れてしまうことがあります。富山県の神通川流域で発生した「イタイイタイ病」は、神岡鉱山(亜鉛の鉱山)から廃棄されていたカドミウムが原因の公害病です。亜鉛鉱からとれるカドミウムは、当時は使うことがなかったため、川に流されていました。ちなみに、カドミウムが人体に入ると、亜鉛と同じルートで体内に吸収されます。同じ12族である亜鉛とカドミウムは、性質が似ているからです。

★COLUMN18★
カドミウムイエローとモネ

硫化カドミウムでてきたカドミウムイエローは、モネ、ゴッホ、ゴーギャンなど、印象派の画家に好んで使われました。モネは「私が使うのは鉛白(えんぱく)、カドミウムイエロー、バーミリオン(朱色)、マダー(茜色)、コバルトブルー、クロムグリーンだけだ」と言ったそうです。

(上) モネ作『リンゴとブドウ』
(下) 硫化カドミウム鉱。

111

In 49 Indium
インジウム

発見年：1863年　原子量：114.8
融点：156.6℃　密度：7.31g/c㎥
沸点：2027℃

パソコンやテレビの画面で活躍しています。

インジウムとスズの酸化物は透明で、電気を通し、赤外線を通さないため、液晶ディスプレイの透明電極に用いられます。また、自動車、電車、飛行機のフロントガラスにも使われます。かつては北海道の豊羽鉱山が世界最大のインジウム鉱山でしたが、資源が枯渇したため、現在はその座を中国に奪われています。

かつては日本が産出量世界一

単体では銀白色のインジウム。

Sn 50 Tin
スズ

発見年：－
原子量：118.7
融点：231.928℃
密度：5.75g/cm³（α）
沸点：2586℃

銅とともに、
青銅器時代を支えてきました。

スズは単体だとやわらかく、道具や工具に向かないため、銅の合金である青銅（ブロンズ）として、青銅器や銅像などに使われてきました。もともと融点の低い金属であるスズですが、鉛との合金はさらに融点が数十度低くなるため、ハンダとして電子部品を接合するのに使われています。

鉄をスズでめっきするとブリキ

スズの主要な鉱石であるスズ石。

Sb 51 Antimony
アンチモン

発見年：－　　原子量：121.8
融点：630.628℃　　密度：6.691g/cm³
沸点：1587℃

世界三大美女の1人が、使っていたかもしれない。

古くから錬金術師に研究されていたアンチモンは、
鉛に含ませると硬くなるため、銃の弾丸などに使われます。
また、酸化物はカーペットやカーテンの難燃剤となります。
アンチモンを含む輝安鉱（きあんこう）の粉は、
古代エジプトなどでアイシャドウとして使われ、
クレオパトラも使用していたと言われています。

アンチモンは毒

輝安鉱。

Te 52 Tellurium
テルル

発見年：1782年　　原子量：127.6
融点：449.51℃　　密度：6.24g/cm³
沸点：988℃

ラテン語の「地球(Tellus)」が由来です。

テルルの酸化物はガラスや陶磁器の着色に、
アンチモンなどとの合金は
太陽電池や書き換え可能なDVDの記録層に使われます。
ちなみに、硫黄と同じ16族のテルルは、
体に入ると口臭やくさいおならのもとになります。

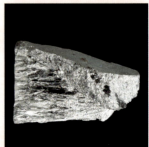

テルル。

I 53 Iodine
ヨウ素

発見年：1811年
融点：113.7℃
沸点：184.4℃
原子量：126.9
密度：4.93g/cm³

その元素が見つかったのは、
海藻からでした。

ヨウ素をエタノールに溶かしたヨードチンキは消毒に、
ヨウ化カリウム水溶液はうがい薬に使われます。
また、昆布やワカメなどの海藻に多く含まれていて、
体内では甲状腺に蓄えられ、細胞の代謝を促します。
チェルノブイリ原発事故では、放射性同位体のヨウ素131が漏れ、
周辺の地域では甲状腺ガンが多発しました。
ちなみに、ナポレオン戦争の時期、ナポレオン軍は、
不足していた火薬の原料のカリウムを海藻から補おうと考え、
フランスの化学者・クルトアが海藻から偶然ヨウ素を発見しました。

ヨウ素の産出量は日本が世界2位

温めると紫の蒸気を出す
ヨウ素は、ギリシャ語の
「紫(Iodes)」が由来です。

Xe 54 Xenon キセノン

発見年：1898年
融点：−111.75℃
沸点：−108.099℃

原子量：131.3
密度：0.0058971g/cm³

宇宙の探査に貢献しています。

キセノンは、放電すると青白い光を放つ高価な貴ガス（P35）です。小惑星「イトカワ」のサンプルを地球に持ち帰ったJAXAの小惑星探査機「はやぶさ」では、キセノンを推進剤にしたイオンエンジンが使われていました。イオンエンジンは燃費がよく、長持ちするのが特徴です。ちなみに、キセノンはネオンやアルゴンなどの貴ガスと同じく、空気から発見されました。

高級車のヘッドライトにも使われます。

NASAの探査機「ドーン」も、イオンエンジンの推進剤にキセノンを使っています（イメージ）。

Cs 55 Caesium (Cesium)
セシウム

発見年：1860年　原子量：132.9
融点：28.5℃　密度：1.873g/cm³
沸点：671℃

世界一優秀な時計かもしれない。

セシウムは、やわらかいアルカリ金属で、空気中ではすぐに酸化し、
水に触れると激しく反応します。
非常に正確な原子時計に用いられ、その誤差は「1億年に1秒」とも。
GPS（全地球測位システム）にも応用して使われています。
また、放射性同位体のセシウム137は、チェルノブイリ原発事故で漏れた汚染物質の1つです。
ちなみに、セシウムはドイツの化学者・ブンゼンと物理学者・キルヒホッフが発見しました。
分光器で観測した色が青かったことから、ラテン語の「青い空（Caesius）」が名前の由来です。
2人は翌年、ルビジウムも発見しています。

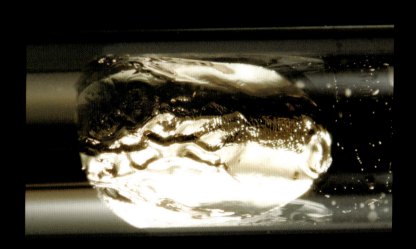

融点が28.5℃と低いため、
液体になりやすい金属です。

重晶石。バリウムの主要な
鉱石です。

Ba 56 Barium
バリウム

発見年：1808年　原子量：137.3
融点：727℃　密度：3.594g/c㎥
沸点：1845℃

健康診断で、
大人が飲む元素です。

バリウムはアルカリ土類金属で、有毒な元素です。
水や酸素と反応しやすく、保存するときには石油の中に入れます。

Q 毒なのに、バリウムを飲んでも大丈夫？

A 健康診断で飲む硫酸バリウムは、無害です。

健康診断で「バリウム」と呼ばれているのは、水に溶けない硫酸バリウムです。飲んでも体内に吸収されず、中毒を起こすことはありません。ちなみに、硫酸バリウム以外の化合物は、毒性が強いものがほとんどです。

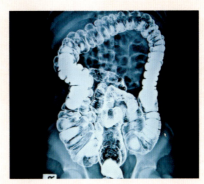

硫酸バリウムはX線を通さないため、X線で撮影すると白く残って見えます。

無害か

Q バリウムはほかに、なにに使われるの？

A 石油の採掘に利用されます。

硫酸バリウムが主成分の重晶石を微粉末にし、液体に溶かして油井の試掘孔に送り込むと、冷えて固まった硫酸バリウムが壁を補強し、暴噴防止に役立ちます。

ランタン。レアアース(P67)の中では、豊富に存在している元素です。

La 57 Lanthanum
ランタン

発見年：1839年　原子量：138.9
融点：920℃　密度：6.145g/cm³
沸点：3464℃

「ランタノイド」は、この元素からはじまります。

ランタノイドの中でいちばん最初に登場するランタン。
ライターの発火石として使われるミッシュメタルに含まれています。
ミッシュメタルとは、ランタン、セリウム、プラセオジム、
ネオジムといったランタノイドの混合物です。
どれも性質が似ているため、わざわざ分離せずに使われます。

発火石にも

 Q ランタンは、ほかになにに使われるの？

A 電気自動車や天体望遠鏡などです。

ランタンとニッケルの合金には水素吸蔵能力があり、燃料電池の水素の貯蔵タンクとして電気自動車に使われています。また、天体望遠鏡の光学レンズには、屈折率を高くする酸化ランタンが含まれています。

★COLUMN19★

ランタノイド

原子番号57のランタンから、原子番号71のルテチウムまでの15種類の元素を「ランタノイド」と言います。最も外側の電子殻にある電子の数がどれも2つで、性質が似ているため、元素周期表ではまとめられています。ちなみに、ランタノイドの元素はすべてレアアースです。

ランタノイドの元素はどれも性質が似ていて、分離も難しかったため、間違った発見報告も多くありました。

121

Ce 58 Cerium
セリウム

発見年：1803年　原子量：140.1
融点：799℃　密度：8.24g/cm³ (α)
沸点：3443℃

レアアースの中で、最も地殻に多い元素です。

セリウムは、ライターの発火石に使われる
ミッシュメタルに含まれています。
紫外線を吸収する性質のある酸化セリウムは、
自動車の窓やサングラスのほか、
その硬さからガラスの研磨剤にも使われます。
ちなみに、以前は硫化カドミウムが赤い顔料として使われていましたが、
有毒なために硫化セリウムが使われるようになりました。

セリウム。

Pr 59 Praseodymium
プラセオジム

発見年：1885年　原子量：140.9
融点：931℃　密度：6.773g/cm³
沸点：3520℃

溶接の際、目を守ります。

プラセオジムは、空気中で酸化すると黄色になるため、
化合物が顔料として使われます。
また、プラセオジムを含む黄色いジジムガラスは
赤外線を吸収するため、
溶接作業用のゴーグルにも使われます。

いちばん下のガラスビーズに、プラセオジムが含まれています（上はネオジム、真ん中はエルビウムが含まれています）。

Nd 60 Neodymium
ネオジム

発見年：1885年
融点：1016℃
沸点：3074℃
原子量：144.2
密度：7.007g/cm³

日本とアメリカで開発された、強力な磁石がある。

ネオジムは、鉄、ホウ素との合金で強力な磁石になります。「ネオジム磁石」と呼ばれ、スピーカー、イヤホン、マイク、電気自動車、MRI（核磁気共鳴画像法）などに使われています。また、ネオジムの酸化物はガラスを赤紫にする着色剤に、単体ではYAGレーザー（P100）の添加剤になります。

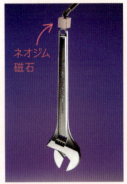

ネオジム約30％、鉄約70％のほか、微量のホウ素を含むネオジム磁石。

Pm 61 Promethium
プロメチウム

発見年：1947年
融点：1042℃
沸点：3000℃
原子量：(145)
密度：7.22g/cm³

由来は、ギリシャ神話の火の神です。

ギリシャ神話で有名な「プロメテウス」が由来のプロメチウム。ウランの核分裂によってできる放射性の元素で、天然にはほとんど存在せず、どの同位体も放射能を持ちます。放射線を電気エネルギーに変換する原子力電池に使われます。硫化亜鉛との化合物は、放射線を放出する際に青白く光るため、時計の文字盤などの夜光塗料に使われていました。現在は安全面の問題から使われなくなっています。

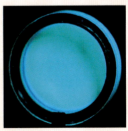

プロメチウムを使った夜光ボタン。

Sm 62 Samarium
サマリウム

発見年：1879年　原子量：150.4
融点：1072℃　密度：7.52g/㎤
沸点：1794℃

初の人名由来の元素です。

サマリウムは、コバルトとの合金が磁石に使われます。
ネオジム磁石（P123）より磁力は劣りますが、
さびにくく、高温に強い磁石です。
ただし、値段は高価になります。
放射性同位体のサマリウム147は、
半減期が1060億年と長く、
鉱石や岩石の年代測定に使われます。
ちなみに、サマリウムはサマルスキー石から発見されたのが名前の由来です。
サマルスキー石は、その発見者である鉱山技師の名前からつけられています。

サマリウム。

Eu 63 Europium
ユウロピウム

発見年：1896年　原子量：152.0
融点：822℃　密度：5.243g/㎤
沸点：1529℃

レアアースの中でも、特にレアです。

ユウロピウムは反応性が高く、酸化しやすい元素です。
かつては、ブラウン管テレビの
赤の蛍光体として使われていました
（青はセリウム、緑はテルビウム）。
現在も、液晶テレビや蛍光灯の白を出す際の
蛍光体として使われています。
レアアースの中で、特に産出量が少ない元素です。

ピンク色に発光する酸化ユウロピウム。

Gd 64 Gadolinium
ガドリニウム

発見年：1880年 原子量：157.3
融点：1313℃ 密度：7.9g/cm³
沸点：3273℃

磁石によく反応します。

ガドリニウムは、磁性が高い元素です。
その特性を活かして、ガドリニウムの化合物は、
MRI（核磁気共鳴画像法）の画像に
コントラストをつける造影剤として使われます。
また、ガドリニウムは中性子を吸収する能力が高く、
原子炉で核分裂を制御するのにも使われます。

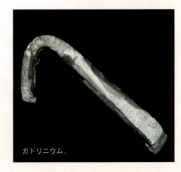

ガドリニウム。

Tb 65 Terbium
テルビウム

発見年：1843年 原子量：158.9
融点：1359℃ 密度：8.229g/cm³
沸点：3230℃

ブラウン管テレビに、
なくてはならない存在でした。

テルビウムは、磁場に入れると形が変わる性質があり、
ジスプロシウム、鉄との合金は
プリンタの印字ヘッドに使用されます。
また、ユウロピウムとともに、
ユーロ紙幣に偽造防止用の蛍光塗料として印刷され、
ブラウン管テレビでは、緑の蛍光体として使われました。

緑色に発光する硫酸テルビウム。

125

Dy 66 Dysprosium
ジスプロシウム

発見年：1886年　原子量：162.5
融点：1412℃　密度：8.55g/cm³
沸点：2567℃

発見までの苦労が、名前になりました。

ジスプロシウムは、ホルミウムの化合物から
単離することで発見されました。
その際、大変な労力を必要としたため、
ギリシャ語の「近づき難い（dysprositos）」が名前の由来です。
高温に弱いネオジム磁石の耐熱性を上げるのにも使われます。

ジスプロシウム。

Ho 67 Holmium
ホルミウム

発見年：1879年　原子量：164.9
融点：1472℃　密度：8.795g/cm³
沸点：2700℃

手術の際、体へのダメージを減らします。

ホルミウムは、工業用途があまりありません。
酸化ホルミウムは、
ガラスを黄色くする着色剤として使われます。
ホルミウムを含んだYAGレーザー（P100）のメスは、
あまり発熱せず、患部を傷つけにくいのが特徴です。

ホルミウム。

Er 68 Erbium
エルビウム

発見年：1843年　原子量：167.3
融点：1529℃　密度：9.066g/cm³
沸点：2868℃

遠くにいてもつながるのは、この元素のおかげです。

エルビウムは、光ファイバーの添加剤として使われます。
通常、光ファイバーを通る光は次第に弱くなっていきますが、
光のエネルギーを増幅する性質があるエルビウムによって
長距離通信が可能となるのです。
また、エルビウムはホルミウムと同じく、
ガラスの着色剤やYAGレーザーの添加剤にも使われます。

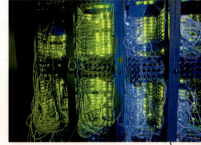

光ファイバー。

Tm 69 Thulium
ツリウム

発見年：1879年　原子量：168.9
融点：1545℃　密度：9.321g/cm³
沸点：1950℃

平時も非常時も、暮らしを守ります。

ツリウムは、産出量が少なく高価なレアアースです。
スカンジナビア語の「最北(Ultimate Thule)」など、
名前の由来にはいくつか説があります。
エルビウムと同じく、光ファイバーの添加剤になるほか、
放射線を吸収したツリウムを熱すると
蛍光発色する性質があるため、
放射線量を測定する熱線量計に使われています。

ツリウム。

Yb 70 Ytterbium
イッテルビウム

発見年：1878年　原子量：173.0
融点：824℃　　密度：6.965g/c㎥
沸点：1196℃

北欧の村が由来となった、4つの元素の1つです。

イッテルビウムは、イットリウム、エルビウム、
テルビウムと同じく、スウェーデンの
イッテルビー（P100）が由来の元素です。
圧力によって導体になったり半導体になる性質があり、
地震の衝撃波の測定にも使われます。
また、ガラスを黄緑にする着色剤に使われます。

イッテルビウム。

Lu 71 Lutetium
ルテチウム

発見年：1905年　原子量：175.0
融点：1663℃　　密度：9.84g/c㎥
沸点：3402℃

高価なので、使われ方は限定的です。

ルテチウムは、地殻にあまり存在せず、
単体に分離することが難しいため、金よりも高価です。
放射線によって発光する性質を利用して、
医療分野でPET（ポジトロン断層法）の
γ（ガンマ）線検出に使われています。
ちなみに、ルテチウムはフランスの化学者・ユルバンが発見。
パリの古名「ルテティア（lutetia）」が名前の由来です。

ルテチウム。

Hf 72 Hafnium
ハフニウム

発見年：1923年　　原子量：178.5
融点：2233℃　　　密度：13.31g/cm³（固体）
沸点：4600℃

ジルコニウムに似ています。

ハフニウムは、発見地であるコペンハーゲンの
ラテン名（Hafnia）が名前の由来です。
周期表の1つ上にあるジルコニウムに性質が似ていて、
融点が高く、さびにくい金属です。
ジルコニウムは中性子をほとんど吸収しませんが、
ハフニウムはよく吸収するため、原子炉の制御棒に使われます。
また、飛行機のジェットエンジンに使われる
耐熱性合金にも含まれています。

ハフニウム。

Ta 73 Tantalum
タンタル

発見年：1802年　　原子量：180.9
融点：3017℃　　　密度：16.654g/cm³
沸点：5455℃

体の中や、機械の中で重宝されます。

タンタルは、ギリシャ神話に登場する
王・タンタロス（Tantalus）が名前の由来です。
さびにくく加工しやすい金属で、人体に害がないとされ、
人工の骨や歯のインプラントなどに使われます。
また、タンタルのコンデンサー
（電気を出したり蓄えたりする部品）は
小型、大容量、ノイズ軽減を実現できるため、
パソコンなどのさまざまな電子機器に使われています。

コンデンサーに使われるタンタル箔。

W 74 Tungsten
タングステン

発見年：1781年　　原子量：183.8
融点：3414℃　　　密度：19.3g/c㎥
沸点：5555℃

最も融点が高く、熱で膨張しにくい金属です。

非常に硬く、重い金属であるタングステンは、白熱電球のフィラメントに使われています。また、炭素との合金である炭化タングステンはとても硬いため、掘削機の刃、砲弾、ボールペンのボールなどに使われます。

炭化タングステンの溝切りカッター。

タングステンランプ。

Re 75 Rhenium
レニウム

発見年：1925年　原子量：186.2
融点：3185℃　密度：21.02g/cm³
沸点：5590℃

幻の「ニッポニウム」です。

レニウムは、タングステンの次に融点の高い金属です。
合金は戦闘機のジェットエンジンなどに使われます。
ドイツの化学者・ノダック夫妻とベルクが発見し、
「ライン(Rhein)川」にちなんで名づけられました。
ちなみに、1900年代初めに日本の化学者・小川正孝が、
原子番号43を「ニッポニウム」と発表しました。
しかし、その後の研究で確認できず却下され、
のちにその元素が、レニウムだったことが分かったのです。

地殻にも少ししか存在していないため、高価なレニウム。

Os 76 Osmium
オスミウム

発見年：1803年　原子量：190.2
融点：3033℃　密度：22.59g/cm³
沸点：5008℃

最も重い元素の1つです。

白金族(P104)の1つであるオスミウムは、融点が高く、
密度が分かっている元素の中で最も重い元素の1つです。
イリジウムとの合金は、含有率によって
「オスミリジウム(オスミウムの含有率が高い)」、
「イリドスミン(イリジウムの含有率が高い)」と呼ばれ、
万年筆のペン先に使われています。

オスミウムの名前の由来は、ギリシャ語の「におい(Osme)」。四酸化オスミウムは有毒で、臭いにおいを放ちます。

131

Ir	**77** Iridium **イリジウム**

発見年：1803年	原子量：192.2
融点：2446℃	密度：22.56g/㎤
沸点：4428℃	

恐竜絶滅のヒントが、
この元素にある。

白金族であるイリジウムは、最もさびにくい金属の1つです。
地球上には少なく、隕石に多く含まれます。
塩(P57)を酸に溶かすと多彩な色が現れるため、
ギリシャ神話の「虹の女神(Iris)」に
ちなんで名づけられました。

酸：塩酸・硝酸・硫酸など水素イオンをもっているもの。
金属を溶かし、水素を発生します。

ロジウムとの合金は熱に
強いため、自動車の点火
プラグに使われています。

イタリアで発見された、イ
リジウムを多く含む境界線。
白亜紀と第三紀の間にある
地層で、隕石が恐竜絶滅の
理由であることを裏付ける
手がかりとされています。

Pt 78 Platinum
白金

発見年：－
原子量：195.1
融点：1768.2℃
密度：21.45g/cm³
沸点：3825℃

美しくて役に立つ、「才色兼備」の貴金属です。

白金は、白金族（P104）の1つで、
さびにくく、美しい光沢を持つ金属です。
加工もしやすいため、天然の白金は太古から
アクセサリーに使われています。
また、自動車の排ガスを浄化する触媒（P83）や、
石油を精製してガソリンをつくる触媒にも含まれます。
最近では、白金の化合物「シスプラチン」がガンの薬に使われています。

貴金属：本来は、金、銀、白金族のことを指します。

白金＝プラチナ

白金。

ヒ素と白金でできているスペリー鉱。白金は金より高価な金属です。

Au	79 Gold
	金

発見年：－
融点：1064.18℃
沸点：2856℃

原子量：197.0
密度：19.32g/cm³

何千年も前から、人々を魅了しつづける輝きがある。

金はやわらかく、最ものばしやすい元素です。
さびにくく、金色に美しく輝きつづけるため、
エジプト王のツタンカーメンのミイラにかぶせるなど、
紀元前から装飾品や貨幣として人々を魅了していました。
また、電気をよく通すため、
電子回路の導線などにも使われています。

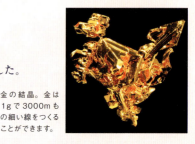

金の結晶。金は1gで3000mもの細い線をつくることができます。

金と白金は別元素

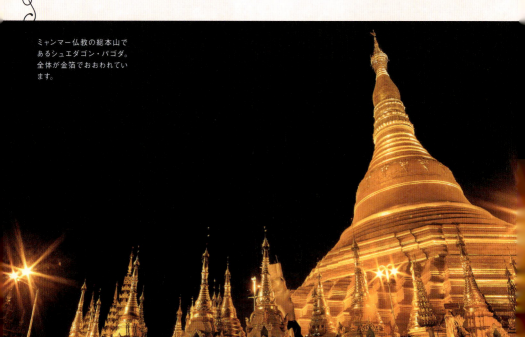

ミャンマー仏教の総本山であるシュエダゴン・パゴダ。全体が金箔でおおわれています。

Hg 80 Mercury
水銀

発見年：－
融点：－38.829℃
沸点：356.619℃
原子量：200.6
密度：13.546g/cm³

常温では、液体で存在する金属です。

普段、液体で存在する元素は、
臭素と水銀しかありません。
温度によって膨張するため、
かつては体温計に使われていました。
水銀と金の合金を銅像に塗って温めると、
水銀だけが蒸発し、金めっきができあがります。
水銀は毒ですが、人間の体にもごくわずかに含まれています。
ちなみに、元素記号のHgはラテン語の「水のような銀（Hydrargyrum）」に由来し、
英語名は、ローマ神話の神であるメルクリウス（Mercurius）にちなんでいます。

メチル水銀は水俣病の原因に

液体の水銀。

辰砂（しんしゃ）。硫化水銀からなる鉱物です。水銀は朱肉の顔料に使われることもあります。

Tl 81 Thallium
タリウム

発見年：1861年　原子量：204.4
融点：304℃　密度：11.85g/cm³
沸点：1473℃

発見時の光の色が、名前の由来です。

タリウムは毒性のある金属です。
体内に入ると手足の痛みや抜け毛の症状が現れ、死にいたることがあります。
かつては硫酸タリウムや硝酸タリウムが、ネズミや害虫の駆除に使われていました。
また、水銀との合金は融点が低くなるので、
極寒地の温度計に使われます。
発見時に緑色の発光スペクトルを発したため、
ギリシャ語の「新緑の若々しい小枝（Thallos）」に
ちなんで名づけられました。

発光スペクトル：プリズムによって、元素特有の発光を観測したもの。

タリウム。

ニュージーランド・北島のワイオタプ。熱水にはタリウムが含まれています。

Pb 82 Lead
鉛

発見年：－
原子量：207.2
融点：327.462℃
密度：11.35g/cm³
沸点：1749℃

水道管から電池まで。
むかしから、暮らしを支えています。

鉛は古代ローマの時代に水道管に使われるなど、
鉄や銅とともに古くから身近な金属です。
船体につく藻の成長を遅らせるので、船材にも使われました。
江戸時代の日本では、
白鉛鉱を砕いて「おしろい」として使われていたそうです。
現在は、鉛蓄電池や銃弾などに用いられています。
ちなみに、体内に蓄積すると腎臓などに障害が出ます。

白鉛鉱。

やわらかくて融点が低く、
加工しやすい鉛。

Bi 83 Bismuth
ビスマス

発見年：1753年　原子量：209.0
融点：271.406℃　密度：9.747g/c㎥
沸点：1564℃

鉛と似ていますが、体に害はありません。

ビスマスはやわらかくてもろい金属です。
鉛と性質が似ているのですが毒性がないため、
鉛を使わないハンダや銃弾などに用いられます。
また、鉛、スズ、カドミウムとの合金は
火災用のスプリンクラーの口金に使われます。
融点が低いため、70℃ほどで溶けて水が飛び出すのです。
また、硫酸水酸化ビスマスは下痢止めに含まれています。
ちなみに、かつては3種類の鉛（鉛、スズ、ビスマス）が
あると信じられていました。

ビスマス。

顕微鏡で見た、酸化した膜におおわれたビスマスの結晶。光の干渉によって虹色に輝きます。

Po 84 Polonium
ポロニウム

発見年：1898年 原子量：(210)
融点：254℃ 密度：9.32g/cm³
沸点：962℃

キュリー夫妻が発見しました。

ポロニウムは放射性元素の金属です。
放射能の強さは、ウランの100億倍とも言われています。
発見者は「キュリー夫人」として有名なマリー・キュリーとその夫。
ポロニウムという名前は、キュリーの母国であるポーランドが由来です。
2人は過酷な実験環境の中、ピッチブレンド（閃ウラン鉱）1tの中から
ごくわずかに含まれていたポロニウムを発見しました。

ポロニウムを含む金属板。金と
銀の間にポロニウムがあります。

At 85 Astatine
アスタチン

発見年：1940年 原子量：(210)
融点：302℃ 密度：－
沸点：－

すぐに減ってしまうので、
自然にはほぼありません。

アスタチンは、サイクロトロンで
ビスマスに高速のα線（ヘリウムの原子核）を衝突させて
発見された放射性元素です。
どの同位体も半減期が短く、いちばん長いものでも約8時間です。
現在、ガンの放射線治療に活かす研究が行われています。

サイクロトロン：原子核の実験などに使われる円形加速器の一種。

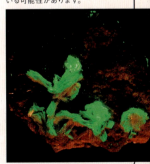

ウラン石。ウランのあるところに
は、微量のアスタチンが含まれて
いる可能性があります。

Rn 86 Radon
ラドン

発見年：1900年
融点：−71℃
沸点：−61.7℃
原子量：(222)
密度：0.00973g/c㎥

無味、無臭、無色の放射性元素です。

ウランが崩壊するとトリウムが生まれ、
トリウムが崩壊するとラジウムが生まれます。
さらにラジウムが崩壊すると放出されるのがラドンです。
つまり、ウランなどの放射性元素がある場所では
常に生産されているのです。
無味、無臭、無色で気づきにくく、
ラドンによる健康被害が報告されたこともあります。

崩壊：ある原子核が別の原子核に変わること。

ラドンは貴ガス

花崗（かこう）岩。ウランを含んでいるため、ラドンの発生源となります。

ラドン温泉として有名な秋田県の玉川温泉。ラドンなどの放射性物質をごく微量含んでいます。

Fr 87 Francium
フランシウム

発見年：1939年　原子量：(223)
融点：－　密度：－
沸点：－

いちばん重いアルカリ金属です。

天然にある元素で最後に見つかったのがフランシウム。
アクチニウムが崩壊して生まれる放射性元素で、
セシウムに似た性質を持っています。
どの同位体も半減期が短く、
長いものでも約22分で
半減してしまいます。

キュリー夫妻の助手をしていたマグリット・ペレーが発見し、彼女の母国であるフランスが名前の由来となりました。

Ra 88 Radium
ラジウム

発見年：1898年　原子量：(226)
融点：696℃　密度：5g/㎤
沸点：－

キュリー夫人が、命をかけて見つけた元素です。

ラジウムは、ポロニウムと同じく
キュリー夫妻が発見した放射性元素です。
ラテン語の「放射(Radius)」が名前の由来で、
「放射線(Radiation)」と「放射能(Radioactivity)」
という言葉も、キュリー夫妻がつくりました。
ラジウムの放射能の強さは、ウランの100万倍とも言われ、
キュリー夫人は、ラジウムの放射線を浴びていたため、
白血病で亡くなっています。

かつては蛍光塗料として時計の文字盤や針に塗られていたラジウム。

Ac 89 Actinium
アクチニウム

発見年：1899年
原子量：(227)
融点：1050℃
密度：10.06g/cm³
沸点：3020℃

アクチノイドの中で、最初に出てくる元素です。

キュリー夫妻の共同研究者・ドビエルヌが、ピッチブレンド（閃ウラン鉱）から発見したアクチニウム。ウランの鉱石にわずかに含まれています。アクチノイドとは、原子番号89のアクチニウムから、103のローレンシウムまでの元素のこと。すべて放射性元素で、人工的につくられたものが多く、元素周期表ではまとめられています。

ピッチブレンド。アクチニウムが発見された鉱石です。

Th 90 Thorium
トリウム

発見年：1828年　原子量：232.0
融点：1750℃　密度：11.72g/㎤
沸点：4785℃

アクチノイドの中で、
地殻に最も多くあります。

トリウムは、やわらかくて、のばしやすい金属です。
スウェーデンの化学者・ベルセーリウスが発見し、
北欧神話の雷神・トール（Thor）から名づけました。
空気中では表面に酸化膜ができるので、内側は酸化しません。
酸化トリウムを加えたタングステンは、
温度が上がると電子を放出しやすくなるため、
フィラメントなどに使われます。

トール石。トリウムは、この石から発見されました。

セリウムの資源となるモナズ石にも、トリウムが含まれています。

Pa 91 Protactinium
プロトアクチニウム

発見年：1918年　原子量：231.0
融点：1572℃　密度：15.37g/㎤（計算値）
沸点：－

名前の意味は「アクチニウムの前」です。

プロトアクチニウムは、ウランの鉱石にわずかに含まれる元素です。
崩壊するとアクチニウムになるため、名前は「アクチニウムの前」という意味です。
1913年、ポーランドの科学者がウラン系列の新しい放射性核種を見つけましたが、
それが91番の元素だとは気づきませんでした。
その後、1918年にドイツとイギリスの科学者たちが、独自に長寿命の放射性核種を見出し、
これがのちにプロトアクチニウムと分かりました。
半減期は約3万2500年で、海底沈積層の年代測定に使われます。

ウラン系列：ウラン238から鉛206までの崩壊過程。
放射性核種：放射能をもつ核種。自然に放射線を放出して崩壊し、ほかの原子核に変わる原子核。

燐銅（りんどう）ウラン鉱。の中にプロトアクチニウムが含まれているかもしれません。

U	**92** Uranium
	ウラン

発見年：1789年	原子量：238.0
融点：1135℃	密度：18.950g/cm³（α）
沸点：4131℃	

最初に発見された放射性元素です。

ウランは、原子力に欠かせない元素で、
同位体のウラン235が核燃料として使われています。
ウラン235の原子核に中性子をぶつけると、
核分裂を起こしてエネルギーと中性子が飛び出し、
その中性子にぶつかった別の原子核が
エネルギーと中性子を放出します。
この繰り返しが、とても大きなエネルギーを生み出し、
原子力発電の原子炉でも行われているのです。
ちなみに、ウランは1789年にクラプロートがピッチブレンドの中から
発見し（このとき発見したのは二酸化ウランでした）、
放射性元素であることは、フランスのベクレルが1896年に見出しました。

天然に見つかるウランの
ほとんどはウラン238で、
ウラン235は0.7%ほど
しかありません。

広島の原子爆弾に
も使われました

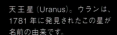

天王星（Uranus）。ウランは、
1781年に発見されたこの星が
名前の由来です。

Np 93 Neptunium
ネプツニウム

発見年：1940年　原子量：(237)

融点：644℃　密度：20.25g/cm³（α）

沸点：3902℃

惑星の順番で名づけられた元素がある。

ネプツニウムは、ウランの核分裂によって生まれるものの中から発見されました。
このとき発見されたのは同位体のネプツニウム239で、崩壊するとプルトニウムになります。
原子力発電の使用済み核燃料に含まれているのは、同位体のネプツニウム237です。
ちなみに、ウランより大きい原子番号の元素を「超ウラン元素」と言います。
超ウラン元素は、すべて人工的につくられて発見された元素で、ネプツニウムはその第1号です。
人工的につくられて発見されたネプツニウムですが、
ウランの鉱石にわずかに含まれることが分かっています。

海王星（Neptune）。ネプツニウムはウランの次の元素であるため、この星が名前の由来とな

Pu	94 Plutonium プルトニウム

発見年：1940年　原子量：(239)
融点：640℃　密度：19.84g/cm³
沸点：3228℃

天王星、海王星……
次の由来は冥王星です。

プルトニウムも、ウランの核分裂に
よるものの中から発見されました。
放射性元素であるだけでなく、強い毒性を持つ金属です。
長崎の原子爆弾にもプルトニウムが使われました。
核燃料廃棄物に含まれている同位体のプルトニウム239は
原子力発電の核燃料として再び利用されます。
また、NASAの無人宇宙探査機「ボイジャー1号」では
プルトニウム電池が使われています。

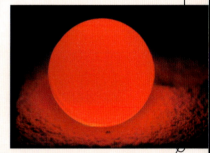
赤く光るプルトニウム。

冥王星（Pluto）。天王星が由来のウラン、海王星が由来のネプツニウムにつづき、プルト

Am 95 Americium
アメリシウム

発見地である
アメリカ大陸が
由来

発見年：1945年	原子量：(243)
融点：1176℃	密度：13.67g/cm³
沸点：2011℃	

プルトニウムの原子核に中性子をぶつけた際の核分裂に
よって生まれるものの中から発見された元素です。
安価で得られるため、放射線を使った煙探知機に使われています。

アメリシウムが使われている煙探知器。

Cm 96 Curium
キュリウム

発見年：1944年	沸点：―	密度：13.3g/cm³
融点：1345℃	原子量：(247)	

プルトニウムにα線(ヘリウムの原子核)をぶつけて発見されました。
元素周期表で1つ上にあるガドリニウムが
化学者の名前(ガドリン)に由来していたことから、
キュリウムも同じようにキュリー夫妻の功績を讃えて命名されました。

キュリウムは、火星探査車「オポチュニティ」の元素分析装置に使われています(イメージ)。

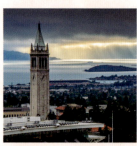

Bk 97 Berkelium
バークリウム

発見年：1949年	沸点：―	密度：14.79g/cm³
融点：986℃	原子量：(247)	

カリフォルニア大学バークレー校のチームが、
アメリシウムにα線をぶつけることで発見しました。
元素周期表で1つ上にあるテルビウムが地名(イッテルビー)に由来するため、
バークリウムも同じように研究所のあるバークレー市にちなんで名づけられました。

カリフォルニア大学
バークレー校。

Cf	98 Californium
	カリホルニウム

「フォ」ではなく「ホ」

発見年：1950年　沸点：-　密度：-
融点：900℃　原子量：(252)

カリフォルニア大学バークレー校のチームが、キュリウムにα線をぶつけることで発見しました。大学名かつ所在地の州の名前が由来です。

同位体のカリホルニウム252を生産する原子炉。

Es	99 Einsteinium
	アインスタイニウム

発見年：1952年　沸点：-　密度：-
融点：860℃　原子量：(252)

1952年、アメリカが世界初の水爆実験を行いました。その際に上空から降り注いだ「死の灰」を分析することで発見されたのがアインスタイニウムです。水爆に関わる軍事機密であったため、フェルミウムとともに1954年に原子炉で生成したと発表されました。

名前の由来となった物理学者・アインシュタイン。

Fm	100 Fermium
	フェルミウム

発見年：1952年　原子量：(257)
融点：1527℃　密度：-
沸点：-

アインスタイニウムと同じく、アメリカによる世界初の水爆実験で発見されました。名前の由来となったイタリアの物理学者・フェルミは、1942年に世界初の原子炉を完成させた立役者の1人です。

フェルミウムが発見された、1952年の水爆実験。

Md 101 Mendelevium
メンデレビウム

発見年：1955年　沸点：—　密度：—
融点：827℃　原子量：(258)

元素周期表を考えた化学者・メンデレーエフが名前の由来です。
アインスタイニウムにα線（ヘリウムの原子核）を
ぶつけることで発見されました。

1869年に元素周期表を発表したロシアの化学者・メンデレーエフ。発表当時は63の元素しか見つかっておらず、現在の元素周期表とは違い、重い元素から順に並べていました。現在は118番までの元素が見つかっていて、原子番号（原子核にある陽子の数）の順に並んでいます。

No 102 Nobelium
ノーベリウム

発見年：1958年　沸点：—　密度：—
融点：827℃　原子量：(259)

化学者・ノーベルが由来の元素です。
1958年にカリフォルニア大学のチームが、
キュリウムに炭素のイオンをぶつけることで発見しました。
1964年に旧ソ連のドブナ合同原子核研究所のグループも、
生成を報告しています。

ノーベル。

Lr 103 Lawrencium
ローレンシウム

発見年：1961年　沸点：—　密度：—
融点：1627℃　原子量：(262)

カリフォルニア大学バークレー校のチームが、
カリホルニウムにホウ素のイオンをぶつけることで発見しました。
サイクロトロン（P139）を発明した
物理学者・ローレンスが名前の由来です。

ローレンスは、ネプツニウムなども発見しています。

Rf	104 Rutherfordium
	ラザホージウム

発見年：1964年　沸点：－　密度：23g/cm³（計算値）
融点：－　原子量：(267)

カリホルニウムに炭素のイオンをぶつけることで発見されました。原子核を発見した物理学者・ラザフォードが名前の由来です。旧ソ連のドブナ合同原子核研究所が初めて観測して、30年以上経ってから名前が国際的に承認された元素です。

ラザフォード。

Db	105 Dubnium
	ドブニウム

発見年：1970年　原子量：(268)
融点：－　密度：29g/cm³
沸点：－

旧ソ連とアメリカで同時期に発見された元素です。旧ソ連側の方が早かったため、名前は旧ソ連のドブナ合同原子核研究所が由来となっています。アメリシウムにネオンのイオンをぶつけることで発見されました。

ドブナ合同原子核研究所のあるドブナ。

Sg	106 Seaborgium
	シーボーギウム

発見年：1974年　沸点：－　密度：35g/cm³（計算値）
融点：－　原子量：(271)

カリフォルニア大学バークレー校のチームが、カリホルニウムに酸素のイオンをぶつけることで発見しました。ほぼ同時期に旧ソ連のドブナ合同原子核研究所は、鉛にクロムのイオンをぶつけ、シーボーギウムを発見しています。ちなみに、アメリカの物理学者・シーボーグは、生存中に元素名の由来となった初の人物です。

9つの新元素発見に関わったシーボーグ。

151

Bh 107 Bohrium
ボーリウム

発見年：1981年　沸点：―　密度：37g/c㎥（計算値）
融点：―　原子量：(272)

ビスマスにクロムのイオンをぶつけることで発見され、1997年に承認されました。
デンマークの物理学者・ボーアが名前の由来です。

ボーア。

Hs 108 Hassium
ハッシウム

発見年：1984年　原子量：(277)
融点：―　密度：41g/c㎥（計算値）
沸点：―

ドイツの重イオン科学研究所が、
鉛に鉄のイオンをぶつけることで発見しました。
研究所のあるヘッセン州のラテン語（Hassia）が名前の由来です。

原子番号107から112までを発見した重イオン科学研究所。

Mt 109 Meitnerium
マイトネリウム

発見年：1982年　沸点：―　密度：―g/c㎥
融点：―　原子量：(276)

マイトネリウムは、ビスマスに
鉄のイオンをぶつけることで発見されました。
半減期は1秒もなく、崩壊してボーリウムになります。
オーストリアの物理学者・マイトナーが名前の由来です。

マイトナー。

Ds 110 Darmstadtium
ダームスタチウム

発見年：1994年　原子量：(281)
融点：－　　　　密度：－
沸点：－

ドイツの重イオン科学研究所（GSI）が
鉛にニッケルのイオンを
ぶつけることで発見しました。
名前の由来は、研究所のある
ヘッセン州ダルムシュタット市です。

GSI のロゴ。

Rg 111 Roentgenium
レントゲニウム

発見年：1994年　沸点：－　　密度：－
融点：－　　　　原子量：(280)

レントゲニウムは、
ビスマスにニッケルのイオンをぶつけることで発見され、
2004年に承認されました。
X線を発見した物理学者・レントゲンが名前の由来です。

レントゲン。

Cn 112 Copernicium
コペルニシウム

発見年：1996年　沸点：－　　密度：－
融点：－　　　　原子量：(285)

1996年と2002年に、ドイツの重イオン科学研究所が
鉛に亜鉛のイオンをぶつけることで発見しました。
2007年には、日本の理化学研究所でも確認されています。
地動説を唱えた天文学者・コペルニクスが名前の由来で、
2010年2月19日（彼の誕生日）に発表されました。

コペルニクス。

亜鉛原子をビスマスに照射する線形加速器 RILAC。

Nh 113 Nihonium
ニホニウム

アジア初の新元素発見

発見年：2004年
原子量：(278)
融点：－
密度：－
沸点：－

2004年に日本の理化学研究所がビスマスに亜鉛のイオンをぶつけることで発見したニホニウム。その寿命は1000分の2秒ほどです。ロシアとアメリカの共同研究チームも115番、117番元素からの変換過程で113番元素を観測していましたが、2015年12月に理化学研究所が命名権を取得。発見国である「日本」にちなんでニホニウムと名づけ、2016年11月に承認されました。

ニホニウムだけを選り分ける気体充填型反跳（はんちょう）分離器 GARIS。

Fl 114 Flerovium
フレロビウム

発見年：1999年
原子量：(289)
融点：－
密度：－
沸点：－

ロシアのドブナ合同原子核研究所とアメリカのローレンス・リバモア国立研究所の共同研究チームが、プルトニウムにカルシウムのイオンをぶつけることで発見しました。ロシアの物理学者・フレロフが名前の由来です。

フレロフの記念切手。

115 Moscovium
モスコビウム

発見年：2004年　原子量：(289)

融点：－　　　密度：－

沸点：－

ロシアのドブナ合同原子核研究所と
アメリカのローレンス・リバモア国立研究所の
共同研究チームが、
アメリシウムにカルシウムのイオンを
ぶつけることで発見しました。
研究所のあるロシアのモスクワ州が
名前の由来です。

モスクワの街並み。

116 Livermorium
リバモリウム

発見年：2000年　原子量：(293)

融点：－　　　密度：－

沸点：－

ロシアのドブナ合同原子核研究所と
アメリカのローレンス・リバモア国立研究所の共同研究チームが、
キュリウムにカルシウムのイオンをぶつけることで発見しました。
ローレンス・リバモア国立研究所が名前の由来です。

ローレンス・リバモア
国立研究所。

117 Tennessine
テネシン

発見年：2009年　原子量：(293)

融点：－　　　密度：－

沸点：－

ロシアのドブナ合同原子核研究所と
アメリカのローレンス・リバモア国立研究所、
オークリッジ国立研究所が共同で、
バークリウムにカルシウムのイオンをぶつけることで発見しました。
発見に関わった研究所や大学があるアメリカのテネシー州が名前の由来です。

オークリッジ国立研
究所の施設の一部。

155

Og 118 Oganesson
オガネソン

発見年：2002年　　原子量：(294)
融点：－　　　　　　密度：－
沸点：－

ロシアのドブナ合同原子核研究所と
アメリカのローレンス・リバモア国立研究所が、
カリホルニウムにカルシウムのイオンを
ぶつけることで発見しました。
現在発見されている元素の中で、いちばん重い元素です。
超アクチノイド元素研究に貢献した、ロシアの物理学者・オガネシアンに由来します。

超アクチノイド元素：原子番号103番のローレンシウムより原子番号が大きい元素の総称。118番までが発見されています。

ドブナ合同原子核研究所の内部。

次は、どんな元素が
見つかるだろう？

元素番号113番のニホニウムを
発見した理化学研究所では、
119番、120番を合成するには、
キュリウムやカリホルニウムなどを
標的にし、チタン、バナジウム、
クロムのビームが必要だと考えているそうです。
現在も、日本を含めた世界の研究者たちが、
新元素発見に向けて挑戦をつづけています。

情報提供：理化学研究所

監修者プロフィール

栗山恭直

長崎県出身。筑波大学、大学院、アメリカニューメキシコ大学博士研究員、北里大学を経て、現在、山形大学在職。専門は光化学、環境調和型有機合成、科学教育。趣味は、スポーツ、海外のサスペンスドラマ鑑賞、市民農園での野菜づくり。学生たちとサイエンスボランティア活動を行っているほか、大学に理科普及の活動拠点を構築し、年間1万人以上を対象にさまざまなイベントを実施している。エフエム山形の番組で毎月一回中学校を訪問し、理科実験を行っている。

東京エレクトロン

エレクトロニクス産業の黎明期の1963年に、「半導体こそ人々の豊かな生活の実現に貢献する」という信念を持って、日本におけるベンチャー企業のさきがけとして設立。それから55年、日本の半導体産業の歴史とともに歩み成長。現在は、「半導体製造装置」と「フラットパネルディスプレイ製造装置」のリーディングカンパニーとしてビジネスを展開。売上高は、7,997億円（2017年3月末現在）。

主な参考文献（順不同）

『Newton別冊　完全図解周期表』ニュートンプレス

『元素118の新知識』講談社　編・桜井弘　　　　　　　　　　※紹介した内容の中には、諸説あるものもあります。

東京エレクトロン AR元素周期表　　　　　　　　　　　　　※イラストや文章は分かりやすく表現するため、一部省略している部分もあります。

Photographers List　フォトグラファーリスト

カバー：Evgeniya Lulko/500px/amanaimages

P 2：nevodka/123RF

P 4：NASA

P 6：NASA

P 7：NASA

P 8：andreka/123RF

P10：NASA/Solar Dynamics Observatory

P12：imageeye/a.collection/amanaimages

P14上：SCIENCE PHOTO LIBRARY/amanaimages　下：Sara Winter/123RF

P16：Visuals Unlimited/amanaimages

P17：NASA

P18：Tom Grundy/123RF

P19：SCIENCE PHOTO LIBRARY/amanaimages

P20：Timur Arbaev/123RF

P22上：GYRO PHOTOGRAPHY/amanaimages　下：Jim Brandenburg/Minden Pictures/amanaimages

P23：SCIENCE PHOTO LIBRARY/amanaimages

P24：PaylessImages/123RF

P26：Vsevolod Chuvanov/123RF

P27：PaylessImages/123RF

P28：Romolo Tavani/123RF

P30：NASA

P31上：堀田東　下：Hiroshi Tanaka/123RF

P32：Jiri Vaclavek/123RF

P33：Lev Komarov/123RF

P34：LUSH LIFE/a.collection/amanaimages

P36：DIRK WIERSMA/SCIENCE PHOTO LIBRARY/amanaimages

P38：Shikoku Photo Service/a.collection/amanaimages

P39：SCIENCE PHOTO LIBRARY/amanaimages

P40：HIROYUKI JIGAMI/123RF

P41：SCIENCE PHOTO LIBRARY/amanaimages

P42：tlorna/123RF

P44：anahtiris/123RF

P45上：Sakarin Sawasdinaka/123RF　左下：Igor Kaliuzhnyi/123RF　右下：Rattanapon Muanpimthong/123RF

P46：Rainer Plendl／123RF

P47上：GYRO PHOTOGRAPHY／a.collection／amanaimages　下：Eduard Barnash／123RF

P48：oticki／123RF

P50：NOBUO KAWAGUCHI／SEBUN PHOTO／amanaimages

P51上：Charles D. Winters／Science Source／amanaimages　左下：SCIENCE PHOTO LIBRARY／amanaimages
　　　右下：Derby Museum and Art Gallery, UK／Bridgeman／amanaimages

P52：Manfred Thürig／123RF

P54：yadmiga／123RF

P55：Kitchakron Sonnoy／123RF

P56：yobro10／123RF

P58：HIROSHI HIGUCHI／SEBUN PHOTO／amanaimages

P59：THITINAI PERMSAWAT／123RF

P60：ANTONIO BALAGUER SOLER／123RF

P61：Theodore Gray／Visuals Unlimited／amanaimages

P62：Kaspars Grinvalds／123RF

P64：JAVIER TRUEBA／MSF／SCIENCE PHOTO LIBRARY／amanaimages

P65上：SCIENCE PHOTO LIBRARY／amanaimages　中：PaylessImages／123RF
　　　下：KATSUMASA IWASAWA／SEBUN PHOTO／amanaimages

P66：SCIENCE PHOTO LIBRARY／amanaimages

P68：luisrsphoto／123RF

P69上：Ted Kinsman／Science Source／amanaimages　下：alexmit／123RF

P70：MIEKO SUGAWARA／SEBUN PHOTO／amanaimages

P71左上：Alexandr Ogurtsov／123RF　右上：Charles D.Winters／Science Source／amanaimages
　　　下：SCIENCE PHOTO LIBRARY／amanaimages

P72：SCIENCE PHOTO LIBRARY／amanaimages

P73：Gary Ombler／UIG／amanaimages

P74：The Natural History Museum, London／amanaimages

P75上：Turtle Rock Scientific／Science Source／amanaimages　下：SCIENCE PHOTO LIBRARY／amanaimages

P76：鈴木祐二郎

P78：Fabio Lamanna／123RF

P79上：Sean Pavone／123RF　下：DeAgostini Picture Library／amanaimages

P80：isansky／123RF

P81上：DIRK WIERSMA／SCIENCE PHOTO LIBRARY／amanaimages　左下：Theodore Gray／Visuals Unlimited／amanaimages
　　　右下：Yupa Watchanakit／123RF

P82：NASA／ESA

P83上：Gakken／amanaimages　下：Bjoern Wylezich／123RF

P84：Pongpon Rinthaisong／123RF

P86上：LAWRENCE LAWRY／SCIENCE PHOTO LIBRARY／amanaimages　下：seasons.agency／amanaimages

P87左：Bridgeman／amanaimages　右：linnas／123RF

P88：divedog／123RF

P89上：Mark A. Schneider／Science Source／amanaimages　下：SCIENCE PHOTO LIBRARY／amanaimages

P90：ナガシマリゾート

P91：Theodore Gray／Visuals Unlimited／amanaimages

P92：SCIENCE PHOTO LIBRARY／amanaimages

P93上：Theodore Gray／Visuals Unlimited／amanaimages　下：iriana88w／123RF

P94：Theodore Gray／Visuals Unlimited／amanaimages

P95上：SCIENCE PHOTO LIBRARY／amanaimages　下：SCIENCE PHOTO LIBRARY／amanaimages

P96：Ted Kinsman ／ Science Source／amanaimages

P97：pasiphae／123RF

P98：SCIENCE PHOTO LIBRARY／amanaimages

P99上：Viktoriya Chursina／123RF　下：Theodore Gray／Visuals Unlimited／amanaimages

P100上：Dirk Wiersma／SCIENCE PHOTO LIBRARY／amanaimages　下：Bjoern Wylezich／123RF

P101上：Theodore Gray／Visuals Unlimited／amanaimages　下：LAWRENCE LAWRY／SCIENCE PHOTO LIBRARY／amanaimages

P102上：Theodore Gray／Visuals Unlimited／amanaimages　下：Pavel Chagochkin／123RF

P103上：Theodore Gray／Visuals Unlimited／amanaimages　下：Tatiana Epifanova／123RF

P104上：Scott Camazine/Science Sourc/amanaimages　下：SCIENCE PHOTO LIBRARY/amanaimages

P105上：adam88x/123RF　下：SCIENCE PHOTO LIBRARY/amanaimages

P106：maple/a.collection/amanaimages

P108上：Mark Schneider/Visuals Unlimited/amanaimages　下：Theodore Gray/Visuals Unlimited/amanaimages

P109：YOSHITSUGU NISHIGAKI/SEBUN PHOTO/amanaimages

P110：Theodore Gray/Visuals Unlimited/amanaimages

P111上：Metropolitan Museum of Art, New York, USA/Bridgeman/amanaimages　下：DK Images/UIG/amanaimages

P112：Theodore Gray/Visuals Unlimited/amanaimages

P113：Ken Lucas/Visuals Unlimited/amanaimages

P114上：salajean/123RF　下：Theodore Gray/Visuals Unlimited/amanaimages

P115：CLAUDE NURIDSANY & MARIE PERENNOU/SCIENCE PHOTO LIBRARY/amanaimages

P116上：nikkytok/123RF　下：NASA/JPL-Caltech

P117：Theodore Gray/Visuals Unlimited/amanaimages

P118：Mark Schneider/Visuals Unlimited/amanaimages

P119：plepraisaeng/123RF

P120：SCIENCE PHOTO LIBRARY/amanaimages

P122上：Theodore Gray/Visuals Unlimited/amanaimages　下：SCIENCE PHOTO LIBRARY/amanaimages

P123上：Phil Degginger/Science Source/amanaimages　下：Theodore Gray/Visuals Unlimited/amanaimages

P124上：SCIENCE PHOTO LIBRARY/amanaimages　下：CIENCE PHOTO LIBRARY/amanaimages

P125上：Theodore Gray/Visuals Unlimited/amanaimages　下：SCIENCE PHOTO LIBRARY/amanaimages

P126上：Bjoern Wylezich/123RF　下：SCIENCE PHOTO LIBRARY/amanaimages

P127上：SCIENCE PHOTO LIBRARY/amanaimages　下：SCIENCE PHOTO LIBRARY/amanaimages

P128上：SCIENCE PHOTO LIBRARY/amanaimages　下：SCIENCE PHOTO LIBRARY/amanaimages

P129上：SCIENCE PHOTO LIBRARY/amanaimages　下：Theodore Gray/Visuals Unlimited/amanaimages

P130上：Theodore Gray/Visuals Unlimited/amanaimages　下：Tewin Kijthamrongworakul/123RF

P131上：Theodore Gray/Visuals Unlimited/amanaimages　下：SCIENCE PHOTO LIBRARY/amanaimages

P132上：Aleksandr Makarov/123RF　下：SCIENCE PHOTO LIBRARY/amanaimages

P133上：Sputnik/amanaimages　下：NATURAL HISTORY MUSEUM, LONDON/amanaimages

P134上：Theodore Gray/Visuals Unlimited/amanaimages　下：Павел Сытилин/123RF

P135上：CORDELIA MOLLOY/SCIENCE PHOTO LIBRARY/amanaimages　下：Joel Arem / Science Source/amanaimages

P136上：Joel Arem / Science Source/amanaimages　下：Dmitry Pichugin/123RF

P137上：Mark A. Schneider/Science Source/amanaimages　下：Theodore Gray/Visuals Unlimited/amanaimages

P138上：Bjoern Wylezich/123RF　下：ALFRED PASIEKA/SCIENCE PHOTO LIBRARY/amanaimages

P139上：Theodore Gray/Visuals Unlimited/amanaimages　下：Theodore Gray/Visuals Unlimited/amanaimages

P140上：Theodore Gray/Visuals Unlimited/amanaimages　下：PaylessImages/123RF

P141上：johny007pan/123RF　下：Theodore Gray/Visuals Unlimited/amanaimages

P142：SCIENCE PHOTO LIBRARY/amanaimages

P143上：Theodore Gray/Visuals Unlimited/amanaimages　下：SCIENCE PHOTO LIBRARY/amanaimages

P144：Mark A. Schneider / Science Source

P145上：heodore Gray/Visuals Unlimited/amanaimages　下：NASA/JPL

P146：NASA/JPL

P147上：U.S. DEPT. OF ENERGY/SCIENCE PHOTO LIBRARY/amanaimages　下：NASA/JHUAPL/SwRI

P148上：MARTIN BOND/SCIENCE PHOTO LIBRARY/amanaimages　中：NASA　下：Chao Kusollerschariya/123RF

P149上：SCIENCE PHOTO LIBRARY/amanaimages　中：Topfoto/amanaimages　下：Science Source/amanaimages

P150上：Bridgeman/amanaimages　中：Bridgeman/amanaimages　下：Granger/amanaimages

P151上：Science Source/amanaimages　中：antvlk/123RF　下：SCIENCE PHOTO LIBRARY/amanaimages

P152上：SCIENCE PHOTO LIBRARY/amanaimages　中：CIENCE PHOTO LIBRARY/amanaimages
　　　下：SCIENCE PHOTO LIBRARY/amanaimages

P153上：DAVID PARKER/SCIENCE PHOTO LIBRARY/amanaimages　中：Science Source/amanaimages
　　　下：Science Source/amanaimages

P154上：理化学研究所　中：理化学研究所　下：Olga Popova/123RF

P155上：Iakov Filimonov/123RF　中：US DEPARTMENT OF ENERGY/SCIENCE PHOTO LIBRARY/amanaimages
　　　下：Science Source/amanaimages

P156：SCIENCE PHOTO LIBRARY/amanaimages

P160：Boris Matveychuck/123RF

世界でいちばん素敵な
元素の教室

2017年11月15日　第1刷発行
2022年10月1日　第11刷発行

定価(本体1,500円+税)

監修	栗山恭直(山形大学) 東京エレクトロン	印刷・製本	図書印刷株式会社
写真	アマナイメージズ 123RF NASA 理化学研究所 ナガシマリゾート 鈴木祐二郎 堀田東	発行	株式会社三才ブックス 〒101-0041 東京都千代田区神田須田町2-6-5 OS'85ビル TEL：03-3255-7995 FAX：03-5298-3520 http://www.sansaibooks.co.jp/
イラスト	山本和香奈	facebook	https://www.facebook.com/yozora.kyoshitsu
デザイン	公平恵美	Twitter	@hoshi_kyoshitsu
文	森山晋平(ひらり舎)	Instagram	@suteki_na_kyoshitsu
協力	森山明 川合澄子		

※本書に掲載されている写真・記事などを無断掲載・無断転載することを固く禁じます。

※万一、乱丁・落丁のある場合は小社販売部宛てにお送りください。送料小社負担にてお取り替えいたします。

発行人	塩見正孝
編集人	神浦高志
販売営業	小川仙丈 中村崇 神浦絢子

©三才ブックス2017